连岳 著

下周很重要

Next Week Is Important 2

译林出版社

01 / 52

这可能是人类史上最酷的首富

一个克己心极强的智者，甚至比神来得优越。神的泰然自若，完全是自然所赐的恩典，是自然使他免于痛苦；而智者的泰然自若，则是他自己修来的恩典，完全来自他自己以及他自己的努力。

——塞涅卡

塞涅卡，在不同的译文中，他也被叫做塞内卡或塞内加，其在西方文明中的地位，相当于孔夫子在东方文明中的地位。他是斯多葛学派的重要代表人物。自然法的概念，个人主义的概念，人人平等的概念，都石破天惊地出自这个学派。

塞涅卡学问了得，但其个人生活的丰富性，更有趣。

他出身名门，哥哥盖里奥官至罗马的阿开亚行省总督，在《新约·使徒行传》中被提到过。

作为学者，他著述颇丰。他精通投资，据说是罗马帝国首富。但斯多葛学派并不看重金钱，很多人因为这点批评他。在我看来，这并不矛盾，只有得到并驾驭财富，才更有资格说自己不那么在乎。

斯多葛学派把个人的德行看得非常重要，平静、理性而有德

ext Week

ON TUE WED THU FRI SAT SUN

Important

ON TUE WED THU FRI SAT SUN

ext Week

ON TUE WED THU FRI SAT SUN

Important

ON TUE WED THU FRI SAT SUN

ext Week

ON TUE WED THU FRI SAT SUN

Important

ON TUE WED THU FRI SAT SUN

ext Week

ON TUE WED THU FRI SAT SUN

ext Week
MON TUE WED THU FRI SAT SUN
s Important
MON TUE WED THU FRI SAT SUN
ext Week
MON TUE WED THU FRI SAT SUN
s Important
MON TUE WED THU FRI SAT SUN
ext Week
MON TUE WED THU FRI SAT SUN
MON TUE WED THU FRI SAT SUN
ext Week
MON TUE WED THU FRI SAT SUN

的生活是值得终生追求的。人的起点低，人性的懒惰、贪婪、退缩、畏惧及脆弱，恰恰是我们修炼的工具。人不是神，但人的乐趣就在于尽力趋近于完美的神。在现代人的思维里，这个神就是我们自己想要达到的终极目标。

塞涅卡是罗马著名暴君尼禄的老师，他虽然小心、尽心辅佐，但仍然在申请退休时被剥夺任职期间所得财产，过了不久，还被暴君赐死。作为斯多葛学派大佬，他接受命运，平静地割开自己的血管。

这个人的一生，很酷。在任何处境下，都按自己的理念生存。这也是其他人可以做到的。

下周很重要，写下你要趋近的目标，你要履行的理念。

What Will You Do This Week ?

- ☐
- ☐
- ☐
- ☐
- ☐
- ☐
- ☐
- ☐
- ☐
- ☐

Mon day.

A.M.

P.M.

Thu day.

A.M.

P.M.

Fri day.

A.M.

P.M.

JAN. ☐ **FEB.** ☐ **MAR.** ☐ **APR.** ☐ **MAY.** ☐ **JUN.** ☐

Tue day.

A.M.

P.M.

Wed day.

A.M.

P.M.

Sat day.

A.M.

P.M.

Sun day.

A.M.

P.M.

JUL. ☐ AUG. ☐ SEP. ☐ OCT. ☐ NOV. ☐ DEC. ☐

02 / 52

人啊
要少一点动物性
多一点植物性

我不想成为上帝或英雄。只想成为一棵树，为岁月而生长，不伤害任何人。

——米沃什

人的逃跑与攻击，都是动物性的一面，它们普遍体现得太强。

逃跑是胆怯，是恐惧，也是本能，遇到危险逃跑是最省事的。但没有危险也跑，胆和兔子的一样大，姿势与前景就不太美好。

其他动物的攻击，有可见的实用性，蚊子爱你的鲜血，狼爱肉。人的攻击性更模糊，多是满足心理需求。强迫他人就会体现出攻击性，他人与我不同就会产生痛苦。这种攻击性是无价值的，很多人深陷攻击性的旋涡无法自拔，白白耗尽人生，连蚊子都不如。

摆脱这种无用的动物性，是人的一大挑战。

所以人要向植物学习，再凶的植物，身上有刺，也只是防御性的。**一棵树的一切，就是生长，无论长在任何地方，它就每天安静地咀嚼阳光，大年，长胖一点，小年，少长一点，但永远都在长。**

下周很重要，今天找一棵你喜欢的树，默默对它做个承诺，下周，像它一样成长。

What Will You Do This Week ?

- [ ]
- [ ]
- [ ]
- [ ]
- [ ]
- [ ]
- [ ]
- [ ]
- [ ]
- [ ]

Mon day.

A.M.

P.M.

Thu day.

A.M.

P.M.

Fri day.

A.M.

P.M.

JAN. ☐ **FEB.** ☐ **MAR.** ☐ **APR.** ☐ **MAY.** ☐ **JUN.** ☐

Tue day.

A.M.

P.M.

Wed day.

A.M.

P.M.

Sat day.

A.M.

P.M.

Sun day.

A.M.

P.M.

JUL. ☐ AUG. ☐ SEP. ☐ OCT. ☐ NOV. ☐ DEC. ☐

03 / 52 左宗棠的方法论

发上等愿，结中等缘，享下等福；择高处立，寻平处住，向宽处行。

——左宗棠

这句话，它的名气很大。

名将，首富。权力，金钱。是能量在世界的不同体现。

你我既非名将，也非首富，但在我们小小的影响力范围内，在家人与朋友中间，我们也在释放自己的能量。如果世界观与方法论适合左宗棠，那它也适合我们。

人在成长过程中，多少需要一点运气，这就是所谓的缘，没有哪一个成功者会否定这点。但是一个人对运气，对外界，对他人的要求不能太多，一般水平就行了，这样命运待我已经公平。对于一个享下等福的人来说，已有盈余。

人抓得住运气，对得起运气，最终还是与格局有关，上等的愿景，养大自己的运气与能力。有上等的缘，可一个人只有放纵与短视，权力与金钱，最大的能量，也不过就是手中的流沙，握再紧都成空。

享下等福，向宽处行。用现代术语来解释，都是在预防黑天鹅事件。享下等福，则储蓄福分；向宽处行，则远离危险。这样，在意外发生时，方可保全力量。

观察人类行为，那些大发脾气的，欺下媚上的，不顾家人的，甚至没有顾好自己健康的，都违背了享下等福、向宽处行的原则，骨子里是唯我独尊，我尽兴，其他人尽职。这怎么可能快乐幸福？

下周很重要，你下周要做什么？制订计划，就是发愿，就是站在高处的远见，以我的尽职增加并维护我的能量。

What Will You Do This Week ?

- [ ]
- [ ]
- [ ]
- [ ]
- [ ]
- [ ]
- [ ]
- [ ]
- [ ]
- [ ]

Mon day.

A.M.

P.M.

Thu day.

A.M.

P.M.

Fri day.

A.M.

P.M.

JAN. ☐ FEB. ☐ MAR. ☐ APR. ☐ MAY. ☐ JUN. ☐

Tue day.

A.M.

P.M.

Wed day.

A.M.

P.M.

Sat day.

A.M.

P.M.

Sun day.

A.M.

P.M.

JUL. ☐ AUG. ☐ SEP. ☐ OCT. ☐ NOV. ☐ DEC. ☐

04 / 52

你要被你自己听到我才听得到你

如果我们不看重自己的需要，别人可能也不会。实际上，如果直接说出需要，获得积极回应的可能性就会增加。

——马歇尔 · 卢森堡

你最了解你自己。你刚开始感觉到有那么一丝生气、忧虑和不安，那是你自己才知道的微弱信号，别人很难猜到。当别人看出来时，你的皮肤之内仿佛充满火焰，但别人仍然不知道你需要什么，而此时，你也失去了准确的表述能力，情绪烧光了事实，像灰烬无法复原为一封书信。

你有什么需要？要说出来。越早说出来，情绪越少，事实越准确，沟通效率越高。让别人猜，不是含蓄，不是东方美，而是某种程度的自我中心主义，你觉得他人有义务体会到你没有表达出来的意思。

任何人都没那么重要。你越是重要，别人越不敢瞎猜你的意思，因为猜错了后果很严重。所以，一个不重要的人，别人不屑猜；你重要，别人不敢猜。你一定要表达，才能被听到。这是逻辑学的常识，凡是你没有表述的，就不是你的意思。

说出自己的需要，最重要的听众，其实不是别人，正是你自己。不说出来，你连自己的需要都会忽视。我一直建议，当重大情绪发生在你身上，当你有大疑问，要做大决定，最好把自己当时的想法写下来。当一个人开始写时，他就开始严肃思考，事情将逐渐展现出其逻辑，由开始的一小块拼图构成整体的画面。

下周很重要，写下你下周的计划，那是你告诉自己下周最渴望的事，你的能量将聚焦在它们上面。说出来，被听到，就完成了很多。

What Will You Do This Week ?

- [ ]
- [ ]
- [ ]
- [ ]
- [ ]
- [ ]
- [ ]
- [ ]
- [ ]
- [ ]

Mon day.

A.M.

P.M.

Thu day.

A.M.

P.M.

Fri day.

A.M.

P.M.

JAN. ☐ **FEB.** ☐ **MAR.** ☐ **APR.** ☐ **MAY.** ☐ **JUN.** ☐

Tue day.

A.M.

P.M.

Wed day.

A.M.

P.M.

Sat day.

A.M.

P.M.

Sun day.

A.M.

P.M.

JUL. ☐ AUG. ☐ SEP. ☐ OCT. ☐ NOV. ☐ DEC. ☐

05 / 52 不当洋葱人

人生所有的事情之中，后悔是最可怕的。失败是一种答案，拒绝也是一种答案，但后悔却是永远得不到答案。“要是我当初……”，“如果我那样选了……”，“不知道如果走了那条路会怎样……”，你永远、永远都不会知道答案，而且这些疑问会纠缠你一辈子。

——特雷弗 · 诺亚

人不可能没有后悔过，后悔本身是反思的一种，就像一个棋手复盘，是棋力长进的重要方法。赢的人复盘，没有后悔之说，只有输的，才有后悔：我就是输在关键的这一步，这几步……

人一定会犯错误，无论你准备得多么周到，事情的发展总会有意外。严格来说，一件未来的事，和宇宙中的每一粒原子都有关，任何一粒原子的变动都将改变它，没有力量可以完全测算。所以人生最好的学习是边干边学，让问题引领自己，想不犯错误，天天在做计划，什么事也做不成。

而错误发生，就会有后悔。所以后悔不是不正常的情绪，后悔是提醒我们：该停下来反思一下，以后不要再犯同样的错误了。正常的后悔在增长你的棋力。

人要避免的，是错误的后悔，即对自己做的任何一件事都感到后悔，永远认为自己应该选择另一条路。即使做对了，他也认为另外一条路更对。无法享受快乐与安宁，也导致无力执行更长久的计划，一有风吹草动，他就开始后悔自己的计划。

一直沉浸在后悔中的人，我称其为洋葱人，他们为过去后悔，所以浪费了现在，一事无成，然后导致未来为现在后悔，你一层层剥开他们，每一层都是纯粹的后悔，你只能流泪。

人为什么需要固定的、有节奏的、每天重复的计划？那就是一个标准时间，是从即将混乱中的抽离，当你陷入错误后悔中，马上做一件计划中的事，错误的后悔就中止了。

下周很重要。写下简单的，但是随时可以拯救你的计划。

What Will You Do This Week ?

Mon day.

A.M.

P.M.

Thu day.

A.M.

P.M.

Fri day.

A.M.

P.M.

JAN. ☐ FEB. ☐ MAR. ☐ APR. ☐ MAY. ☐ JUN. ☐

Tue day.

A.M.

P.M.

Wed day.

A.M.

P.M.

Sat day.

A.M.

P.M.

Sun day.

A.M.

P.M.

JUL. ☐ AUG. ☐ SEP. ☐ OCT. ☐ NOV. ☐ DEC. ☐

06 / 52 为遇见你爱的人 连微笑 都要尽早训练

《了不起的盖茨比》的男女主人公，盖茨比和黛西，都是极富魅力的人，让人沉迷。

在小说行文至四分之一时，盖茨比才正式露面，一笑倾人，征服了后来成为好朋友的尼克（黛西的远房表哥）：“他心领神会地一笑——还不止心领神会。这是极为罕见的笑容，其中含有永久的善意的表情，你一辈子也不过能遇见四五次。它面对——或者似乎面对——整个永恒的世界一刹那，然后就凝注在你身上，对你表现出不可抗拒的偏爱。他了解你恰恰到你本人希望被了解的程度，相信你如同你乐于相信你自己那样，并且教你放心他对你的印象正是你最得意时希望给予别人的印象。”

善意与笑容，都有天生的成分。但小说推进至一半时，作者暗示，这里也有后天的发觉与训练。在湖边辛苦工作求生的 17 岁贫家之子盖兹，那时候已有模糊的梦想，“将献身于一种博大、庸俗、华而不实的美”，他在脑子里虚构，也可以说规划了自己的未来，他为自己取了新名字：盖茨比。

此时，他因为善良地救援他人，遇上了自己的贵人，大富翁科迪先生，成为他的雇员，并一路受到提拔与训练，在科迪死前的几年内完成了自己进入上流社会的技能教育："盖茨比的模糊轮廓已经逐渐充实成为一个血肉丰富的人了。"在见到科迪时，"我猜想他对科迪笑了一笑——他大概早已发现他笑的时候很讨人欢喜"。

在小说的结尾，葬礼部分，盖茨比的父亲向尼克展示了盖茨比（当时还叫盖兹）自己制订的每日训练计划表，从早上 6 点起床，一直到晚上 9 点睡觉，学习、锻炼、工作，井井有条，其中下午 5 点至 6 点，是练习演说、仪态的时间。是的，确认了，他迷人的微笑，也是艰苦训练而来的。

下周很重要，制订你的训练计划，完成你的从盖兹到盖茨比之路。

What Will You Do This Week ?

Mon day.

- [ ]
- [ ]
- [ ]
- [ ]
- [ ]
- [ ]
- [ ]
- [ ]
- [ ]
- [ ]

A.M.

P.M.

Thu day.

A.M.

P.M.

Fri day.

A.M.

P.M.

JAN. ☐ FEB. ☐ MAR. ☐ APR. ☐ MAY. ☐ JUN. ☐

Tue day.

A.M.

P.M.

Wed day.

A.M.

P.M.

Sat day.

A.M.

P.M.

Sun day.

A.M.

P.M.

JUL. ☐ AUG. ☐ SEP. ☐ OCT. ☐ NOV. ☐ DEC. ☐

07 / 52 这么重要的它需要你更明确的指令训练

不久前，我开始尝试一种新鲜的饮食方式，是看完一条科学新闻后的即兴之举。

据《Cell》子刊发表的一篇论文，隔日禁食有不少益处，结论是：连续四周的严格隔日禁食（ADF）改善了健康中年人的健康指标，平均降低了37%的卡路里摄入，即使在6个月后也没有产生不良反应。ADF改善心血管标志物，减少脂肪含量（特别是躯干脂肪），改善体脂与肌肉率，并增加血液β-羟基丁酸盐，即使在非禁食日也是如此。在禁食日，促老化的蛋氨酸等氨基酸被定期耗尽，而多不饱和脂肪酸则增多。作者发现在长期ADF后，sICAM-1（一种与年龄相关的炎症标记物）、低密度脂蛋白和代谢调节剂三碘甲状腺原氨酸水平降低。这些结果揭示了ADF的生理影响并支持其安全性。ADF最终可能成为临床相关的干预措施。

隔日禁食（ADF），定义为严格的36小时无卡路里摄入，随后是12小时的随意饮食（“节日”）。也就是以两天为周期，只有半天你可以随便吃，其余时间就喝点水。我进行了4天后，连太好奇跟着试了试，禁食36小时，她惊叹于自己的体重下降量，但觉得胃受不了，只好放弃。我则毫无问题，这可能和我之前经常无规律地禁食有关，当我觉得“最近胖了一些”时，我就会少吃几顿，一天一餐是常态，我的身体已经受过训练。

ADF 这种明确的时间表，让我觉得操作性更强。36 小时禁食期间该做的事都做完，能量充足。在上一轮禁食期间，我跑了 11 公里，写了两篇文章，看了不少书，并不会断电。

在我看来，在 36 小时禁食期，大脑完全不用考虑吃什么的问题，生活清爽极了。虽然家里到处都是吃的，几瓶我爱的威士忌也等我去喝一杯，但是大脑只要接到命令，这 36 小时不能吃，它真的就听了。这是人的神奇之处，也是我文章的重点，我不是推荐你 ADF，它未必适合你。我想说的是，制订明确而不模糊的计划在我们生活中的重要性，摇摆、随机、想起来才做的生活，注定陷入混乱，不了了之。

下周很重要，写下明确的计划，给你的大脑清晰的指令，它将更快学会服从你。

What Will You Do This Week ?

- [ ]
- [ ]
- [ ]
- [ ]
- [ ]
- [ ]
- [ ]
- [ ]
- [ ]
- [ ]

Mon day.

A.M.

P.M.

Thu day.

A.M.

P.M.

Fri day.

A.M.

P.M.

JAN. ☐ FEB. ☐ MAR. ☐ APR. ☐ MAY. ☐ JUN. ☐

Tue day.

A.M.

P.M.

Wed day.

A.M.

P.M.

Sat day.

A.M.

P.M.

Sun day.

A.M.

P.M.

JUL. ☐ AUG. ☐ SEP. ☐ OCT. ☐ NOV. ☐ DEC. ☐

08 / 52 爱你的圣殿

禁食肯定会饿，但这是你自己的主动追求，就不会觉得苦，反而是乐，因为知道这饿的表象下是身体在修复，是更健康。更有意思的是，饥饿是对食物的最大尊重，到了进食期，你更能发现食物的美妙滋味，一口白粥，都能感动你。

每个人都有管理自己身体与健康的方法，只要效果好，并不拘泥于某种形式。但你一定要找到它，而且它必然会产生某种“苦”，这种苦，是认识我们的身体与意志的方法。身体作为生命的唯一圣殿，是出发点与到达点，是理解与被理解，是爱与被爱。自毁圣殿，那是真正的堕落，衰败的气息将进入每一次呼吸，接管你的所有工作。

下周很重要，写下管理自己的方法与计划，执行它，爱你的圣殿。

What Will You Do This Week ?

Mon day.

☐
☐
☐
☐
☐
☐
☐
☐
☐
☐

A.M.

P.M.

Thu day.

A.M.

P.M.

Fri day.

A.M.

P.M.

JAN. ☐ FEB. ☐ MAR. ☐ APR. ☐ MAY. ☐ JUN. ☐

Tue day.

A.M.

P.M.

Wed day.

A.M.

P.M.

Sat day.

A.M.

P.M.

Sun day.

A.M.

P.M.

JUL. ☐ AUG. ☐ SEP. ☐ OCT. ☐ NOV. ☐ DEC. ☐

09

向死而生 向生而死

《神奈川冲浪里》，原作不大，不过一张 A4 纸，却影响了梵高与印象派，是美术史上辨识度最高的作品之一。镇住日本的富士山化为远远的背景，初看似一朵小小的浪花，巨浪吞噬一切，包括富士山，但浪花里又有豆大的船夫，神情可能是悲苦，可能是淡定，更可能是听天由命，最可能是习以为常：这种大风大浪，我一生见得多了。

这是葛饰北斋晚年的作品，他本名中岛时太郎，说过下面一段话，同样震撼人心：

“我在 70 岁之前的所有创作都不值一提。直到 73 岁我才算是理解一点这个世界的真实结构。当我 80 岁时，我应该仍能获得更大的进步。当我 90 岁时，我应该能够参透这个世界了。当我 100 岁时，我应该可以达到一个令人惊叹的阶段。而当我 110 岁时，我所做的每件事，无论是画一个点，还是画一根线，都能够栩栩如生，活灵活现。”

葛饰北斋 1849 年去世，90 岁，我相信他的画笔参透了这个世界。世界很遗憾，无缘看他 110 岁的作品。他一生悲苦，晚年时积累几十年的画稿还失于火灾。但你可以感受到，他对人生，对未来，又有发自内心的乐观期待，每一个明天，都意味着精进，新的发现，新的突破，引领自己得道，一点一线，即可描述大千世界。

这也应该是我们的人生理念。一生的时间并不长，100 年不过 36 500 天，我们顽强不够，坚韧不够，忠诚不够，勤劳不够，耐心不够，忍辱不够，善良不够，真诚不够，慈悲不够，怜爱不够，眼光不够，格局不够，知识不够，智慧不够，谦卑不够，兼听不够，恭敬不够，谨慎不够……我们一身漏洞，去舀时光之水，所漏太多，所得太少，但是……

但是，只要每天能得一颗水珠，不要怕漏掉一万颗水珠，只要有积累，人生可成巨浪，吞噬一切苦难，此时，一生又显得很长，你越活越长，像一条大河奔流，你死了，不是消失，是汇入大海，是欢乐，是见到永恒，是活灵活现。

下周很重要，虽然你离 110 岁还很远，但不要浪费每一个下周，写下你的计划，积累每天一颗水珠。

What Will You Do This Week ?

- [ ]
- [ ]
- [ ]
- [ ]
- [ ]
- [ ]
- [ ]
- [ ]
- [ ]
- [ ]

Mon day.

A.M.

P.M.

Thu day.

A.M.

P.M.

Fri day.

A.M.

P.M.

JAN. ☐ **FEB.** ☐ **MAR.** ☐ **APR.** ☐ **MAY.** ☐ **JUN.** ☐

Tue day.

A.M.

P.M.

Wed day.

A.M.

P.M.

Sat day.

A.M.

P.M.

Sun day.

A.M.

P.M.

JUL. ☐ AUG. ☐ SEP. ☐ OCT. ☐ NOV. ☐ DEC. ☐

10 / 52

没有大大
只有小小

每个人每天似乎都有这样的感慨：生活都是一些小事，琐碎，重复，显得无聊。而看那倒视镜里，历史上的大人物却遍地机会，每天早起都可能改变世界。有雄心的人难免想生活在过去，那里才有大事件、大机遇。

当我们的后人从他们的倒视镜里看现在，也将惊奇地发现我们遍地机会，他们也将抱怨生活被一些小烦恼包围，再没有什么新的机会，高峰都已登顶，史诗早被写完。只是生活在现在的我们并不知道谁在攀登，谁每天为史诗添加一行。巨人们外表都是常人，可能是你的同事，可能是你的邻居，可能是你的孩子，可能就是你，不过，没人知道而已。大家不过都在做一些小事。得到了，没什么稀罕；失去了，也并不可惜。既非一见钟情，也非命悬一线，平平淡淡，风平浪静。

正如本杰明·富兰克林观察到的：

“人的幸福，因撞到千载难逢的大运而得者为数寥寥，由日积月累的小惠而生者比比皆是。”

本杰明·富兰克林年轻时积累能量，他意识到，相信一件美好的事情，并不足以防止摔跤与畏缩，陋习太强大，理性无可奈何，所以，人得刻意培养自己的好习惯。你初看到他的培训目标，或许不敢相信，都是些多么小的事！排第一位的节制，不过就是不要吃太饱，不要醉酒；又如秩序，无非不要把东西搞乱，按计划行事；又如清洁，更是简单到保持身体、衣着与居所的清爽；而中庸，没错，就是我们孔夫子所说的中庸，说话做事不要走极端。谁没有听说过？谁又做不到？

人人做得到。不过，一天之后，两天之后，一周以后，做到的人就不多了，放弃的同时，脑子还很放松，这些不过是小事，我想做，随时可以做到。不，小事之所以难，不是难在只做一次，而是难在一直坚持。坚持了，才有资格驾驭大事件与大机遇，不然的话，就像不知节制与计划的人，偶然中了大奖，最后仍要复归贫困。

积累小惠，到达大慧。你不知道自己将来有多美好，有多聪明，这一切都取决于当下的积累。下周很重要，提笔写下你想要的小积累。

What Will You Do This Week ?

Mon day.

A.M.

P.M.

Thu day.

A.M.

P.M.

Fri day.

A.M.

P.M.

JAN. ☐ FEB. ☐ MAR. ☐ APR. ☐ MAY. ☐ JUN. ☐

Tue day.

A.M.

P.M.

Wed day.

A.M.

P.M.

Sat day.

A.M.

P.M.

Sun day.

A.M.

P.M.

JUL. ☐ AUG. ☐ SEP. ☐ OCT. ☐ NOV. ☐ DEC. ☐

11 / 52 太着急，卖财神

伊索写过一则寓言：有一个人抱着财神塑像在市场上叫卖，说，只要你恳求它，你就会发财。有人反问：既然如此，你又何必卖它呢？卖主尴尬地说：我想快一点发财，它总是回应太慢。

财神是慢性子。这是从古至今的常识。虽然一代又一代人们总是尝试改变它的性格，希望它快一点反应，但从没有成功过。付出的成本是不停地焦虑、取巧、跟风，最后甚至成了自欺欺人，不知不觉，过了一生，一无所获。而慢慢等到财神的人，花的时间并没有更多，做的选择更少，生活更平静。

财神说明书从来很简单：做对的选择，用对的行为积累，然后慢慢等。有统计显示，多数富豪实现目标，要等到 50 岁以后。你 20 岁或许就想发财，回应在半生之后，你的耐心够不够？多数人的耐心只有一夜。我们都有多数人的人性，从这多数人中走出来，增加耐心，走在正道，就是这几十年的人生修行。

有人说，男人要到 45 岁才能成熟（女人可能早一点），这或许是对的。到了 45 岁，你还没被日常的小情绪、小烦恼、小冲动和小愤怒所淹没，每天有那么一大块时间，你深呼吸一下，开始为长远一点的目标工作，你想到 1 年后、10 年后、30 年后的自己，他希望自己现在做些什么？时间一拉长，空间一放大，人就复归宁静，仿佛哲学家需要仰望星空。每天产生的噪声，不再能够纠缠你，你知道，只要稍微忍耐一下，它自然就走了，你能等着坏事消失，你能等着好事发生。

正如约翰·博格尔这句话所说：

“聪明的投资者会尝试将希望、恐惧和贪婪这类感性的感情和理性的判断区分开来，并期待长期来看智慧的思想总会占上风。希望、恐惧和贪婪总是和短期预测的动荡市场相联，而理性的判断才会和长期的具有真正内在价值的市场相伴。从这个意义上来讲，专注于长期投资的投资者一定是哲学家而非技术人员。”

人必然活成哲学家，看透本质，这是人的命运，实践这命运，才对得起这一生。财神是慢性子，所有神都是慢性子，天上一日，人间一年，你的想法，一年后才有回答，这符合正常的流程。

下周很重要。累积每一周，直到1年、10年、30年，直到诸神和你说话。

What Will You Do This Week ?

- [ ]
- [ ]
- [ ]
- [ ]
- [ ]
- [ ]
- [ ]
- [ ]
- [ ]
- [ ]

Mon day.

A.M.

P.M.

Thu day.

A.M.

P.M.

Fri day.

A.M.

P.M.

JAN. ☐ FEB. ☐ MAR. ☐ APR. ☐ MAY. ☐ JUN. ☐

Tue day.

A.M.

P.M.

Wed day.

A.M.

P.M.

Sat day.

A.M.

P.M.

Sun day.

A.M.

P.M.

JUL. ☐ AUG. ☐ SEP. ☐ OCT. ☐ NOV. ☐ DEC. ☐

12 / 52 安静地吞噬独处时光你蚁群边上的任务

人安静地在一大块时间里独处，这是很重要的能力。这与性格内向外向没有关系，正如什么性格的人，都需要健康。这大块时间，我定义为至少 30 分钟，安静地独处 30 分钟，是精神健康必需的每日热量。

有人很善于利用碎片时间，这里一分钟，那里五分钟，一天累积下来，多攒了一个小时，这是了不起的本事，我们应该要有。很多任务可以化整为零，比如看小说，背单词，阅读字典词条，做简短的记录。

但这本事还不够，我们想清楚一个问题，完整欣赏一个思辨主题的论证过程，进行系统深入一点的学习，甚至倾听自己的潜意识，都需要一大块的时间。

自己面对自己，自己和自己对话，你一分为二，一半在内，一半在外；一半上升，在头顶飞翔，观察被大地抓住的你；一半在逃，一半在住；一半执着追问，一半沉思默想；一半在过去，一半在未来；一半为魔，一半为神；一半为生，一半为死。人是两个无限的分界线，外是无限的大宇宙，内是无限的小宇宙，没有一大块安静的独处时间，将失去内外两个无限，尤其是内在的无限。这将让人退化成低等动物，只有琐碎的、本能的动力，一只蚂蚁。

我看到葛优的一段话，觉得很动人：

“我最想做的事情是一个人待着。有朋友一拿起书，看两行字就晕了，我不至于那样，每天至少要看十几个剧本吧。我觉得还不够静，还不够让我拿起一本书就放不下，周围总有好多事干扰我。”

这段话，初看没什么了不起，你年岁越长，越懂这种安静的力量的难得。演艺圈是特别着急的地方，比任何地方都急，害怕过气，害怕不红，害怕被忘记，挖空心思上新闻，蹭流量，是一贯的做法，好莱坞的名言是：上版面的坏消息好过没消息。

我从年轻时就喜欢葛优，但一直不知道为什么，演技好的，很多，比他帅的，更多。现在看来，就是喜欢他这种安静独处的气质与能力。一个观察蚂蚁忙碌行军的孩子，虽然沉默，却是高级一点的物种。

至少 30 分钟的大块时间，不会突然出现，只有依靠计划才能获得，30 分钟早起，30 分钟阅读，30 分钟打坐，30 分钟跑步，它们都需要被写下来，才会实现。下周很重要，这是你蚁群边上的任务。

What Will You Do This Week ?

- [ ]
- [ ]
- [ ]
- [ ]
- [ ]
- [ ]
- [ ]
- [ ]
- [ ]
- [ ]

Mon day.

A.M.

P.M.

Thu day.

A.M.

P.M.

Fri day.

A.M.

P.M.

JAN. ☐ FEB. ☐ MAR. ☐ APR. ☐ MAY. ☐ JUN. ☐

Tue day.

A.M.

P.M.

Wed day.

A.M.

P.M.

Sat day.

A.M.

P.M.

Sun day.

A.M.

P.M.

JUL. ☐ AUG. ☐ SEP. ☐ OCT. ☐ NOV. ☐ DEC. ☐

13 / 52

我与你为何有心灵感应？

你真爱一个人，必然有过这种体验：你说出自己想的某件事，她也正在想同一件事；你想说一句我爱你，她也想说一句我爱你。

这是第六感，是心灵感应，是人特有的交流方式，AI 将来可以在智力与技能上碾压人类，但它取代不了人与人的感情，这感情无法计算，量子计算机也不能破译，又模糊又精确，无迹可寻，无处不在，没有一点质量，又重过一切质量。

所以，我们要记住诺瓦尔·霍金斯这句话：

“人类的心灵有一种神奇的能力，它能够感知到别人的虚情假意。如果销售人员的暗示是一种虚情假意的产物，那么几乎可以肯定的是，这种暗示在客户心中产生的结果也不会是一种真实的情感。”

有位朋友说得好：“我们能够从电话中听出对方是带着笑脸说话，发现这样之后，我讲电话很少板着面孔。”没错，就是这样的，人的心灵有这种感受能力。

严格来说，每个人都是推销员。推销我们的观点，推销我们的感情，直至推销我们这个人。别人无法接受我们，推销就得失败。

在成长过程中，我们会被很多取巧的推销术迷惑，有人以为智力领先就可以欺骗，有人以为自己是恶意的多数就等于胜利，有人以为含沙射影是高明的战术，有人以为虚情假意可掩盖自己的恶毒。当你成为真正的推销员时，当你真正尊重自己时，你对这些技巧将避如蛇蝎，当失去真诚时，一切技巧都会反噬。尼采说过，与恶龙缠斗过久，自己也将成为恶龙。

真诚是一切推销术的基石，真诚是最好的推销术。

你爱自己，爱你身边的她，爱这个世界，你就得真的去掉自己的恶意，你得有真的爱意，你得笑着讲电话，因为别人能够感受到真实的你。

下周很重要，请微笑着拟订下周计划，你将被自己的爱意温暖。

What Will You Do
This Week ?

- [ ]
- [ ]
- [ ]
- [ ]
- [ ]
- [ ]
- [ ]
- [ ]
- [ ]
- [ ]

Mon day.

A.M.

P.M.

Thu day.

A.M.

P.M.

Fri day.

A.M.

P.M.

JAN. ☐ FEB. ☐ MAR. ☐ APR. ☐ MAY. ☐ JUN. ☐

Tue day.

A.M.

P.M.

Wed day.

A.M.

P.M.

Sat day.

A.M.

P.M.

Sun day.

A.M.

P.M.

JUL. ☐ AUG. ☐ SEP. ☐ OCT. ☐ NOV. ☐ DEC. ☐

好脾气咒语 打破暴躁与内疚死循环

一位脾气不好的父亲，陈述了无法自控的痛苦：

“感谢我的父母，没让我感受少年沉重的‘哀伤’。对他们无比感恩。

“可是我和孩子妈妈都是脾气暴躁的人，动不动就会吵架。我想我们是可悲而糟糕的父母。

“我想我的孩子长大后看待我们应该不会像我对我的父母那般内心充满感恩与温暖。

“我对他的爱，在辅导作业时变成愤怒；

“我对他的爱，在夫妻吵架时变成斥责。

“其实他是个多么好的孩子。

“由此，我无限内疚……

“我在死循环里如履薄冰……”

在孩子看来，这种解释不可接受，忍不住就可以伤害，那世上的罪犯都有了借口。

但我知道，这个陈述极其真实，人的很多弱点是天生的，脾气不好就是其中之一，很多人一生也赢不了这个弱点，他的家人，尤其是孩子，就成为最大的受害者。他本人也很痛苦，像这位父亲一样，情绪在暴躁与内疚里死循环，享受不到正常的平静。我们自身的弱点折磨我们，你知道不对，但就是忍不住要做。

我们多想有个魔术开关，突然变成另一个人。遗憾的是，并没有这样的开关。幸运的是，并没有这样的开关，这才能证明我们不是机器，人就是在与自己的弱点的缠斗中理解人性的。

在暴躁与内疚里死循环的人，我倒是可以提供一个方法，叫做“好脾气咒语”。每个星期抽出一天，比如周六，或者周日，对你的孩子（或家人），你觉得不对的，你必须闭嘴，放弃批评的权利，你觉得对的，你就简单评价为“好”或“做得不错”，其余不许多说。这一天，你的内心冲突可能特别强烈，但有了纪律，你不得不自我消化，体会到激情从产生到消退的全过程，控制力开始生长。长期被你坏脾气伤害的人，在那天绽放的放松与惊喜，也可以增加你的信心。过了一段时间，你或可把“好脾气咒语”延长到两天，甚至更长时间。

下周很重要，你的计划就是你的咒语，至少当一次想象中的你，这是改变的最好开始。

What Will You Do This Week ?

- [ ]
- [ ]
- [ ]
- [ ]
- [ ]
- [ ]
- [ ]
- [ ]
- [ ]
- [ ]

Mon day.

A.M.

P.M.

Thu day.

A.M.

P.M.

Fri day.

A.M.

P.M.

JAN. ☐ FEB. ☐ MAR. ☐ APR. ☐ MAY. ☐ JUN. ☐

Tue day.

A.M.

P.M.

Wed day.

A.M.

P.M.

Sat **day.**

A.M.

P.M.

Sun **day.**

A.M.

P.M.

JUL. ☐ **AUG.** ☐ **SEP.** ☐ **OCT.** ☐ **NOV.** ☐ **DEC.** ☐

15 / 52 打断他

有个姑娘留言，她和老公长期分居两地，她上班兼顾孩子。今年行情不好，老公回家休整，但是团圆的喜悦很快消失，因为老公沉迷游戏，通宵达旦地玩。

人在压力之下，很容易通过放纵补偿自己。压力有小有大，放纵也有小有大。工作了一周，是小压力，周末睡个懒觉，这是人人都有的小放纵。赋闲在家，职场不顺，经济危机，感情冲突，这些大压力，带来大放纵，大脑需要快感冲淡忧愁，暴食，酗酒，外遇，沉迷游戏，它们乘虚而入。

人太闲，心情又不好，那是很危险的时刻，若彻底失控，做了错误的决定，比如毁灭家庭，丧失信用，误交损友，那么，人生可能就会一把输光。那些沉溺于各种即时刺激的人，他们心里未必不知道，只是控制不住自己了，他们的嘴自行吃东西，他们的手自行玩游戏，完全无视大脑的哭泣哀求。

打断这个进程，即使只是极短暂的打断，都有利于大脑恢复控制力。

我建议这姑娘着眼于打断。既然爸爸有时间，那么，安排他早上送孩子上学，晚上接孩子回家，然后负责检查孩子的作业。

这有利于亲子关系且不说，也不是主要目的，所以，即使他偶尔做得不太好，也不要指责他；这种每天固定的安排，最大功能是打断他的游戏节奏，让真实的生活节奏引领他，和孩子定时接触，沟通多了，孩子能给他游戏没有的快乐反馈，真实生活的比重就会逐渐增加。

人为什么需要写下自己的计划？就是能防止迷失，看起来轻微的、不费力的有益之事，你一开始做了，就能引发重大的、你原本以为做不到的美妙之事。写下自己每天想做的事，这能打断我们的失控，重新掌控自己。

下周很重要，写下你下周的计划，再小的计划都是有力的自控。

What Will You Do This Week ?

- [ ]
- [ ]
- [ ]
- [ ]
- [ ]
- [ ]
- [ ]
- [ ]
- [ ]
- [ ]

Mon day.

A.M.

P.M.

Thu day.

A.M.

P.M.

Fri day.

A.M.

P.M.

JAN. ☐ FEB. ☐ MAR. ☐ APR. ☐ MAY. ☐ JUN. ☐

Tue day.

A.M.

P.M.

Wed day.

A.M.

P.M.

Sat day.

A.M.

P.M.

Sun day.

A.M.

P.M.

JUL. ☐ AUG. ☐ SEP. ☐ OCT. ☐ NOV. ☐ DEC. ☐

16 / 52　人最容易被谁控制？

一个人长久患病，饱受痛苦，突然有一天，有医生找到治愈方法，这个病人必然千恩万谢，马上接受治疗，解除痛苦。

我想，没有任何一个病人说：这病痛陪我那么久，我舍不得它，不想将它从我身体中赶出去。

病痛在你身上再久，也不会成为你的朋友。

可是换成观念，人的态度却完全相反。错误的观念，危害比疾病更大，它可能伤害你的身体，还让你贫穷，让你狭隘，让你失去人生的可能性，甚至会让你自杀。但是很少有人愿意马上放弃错误的观念——即使知道自己错了。人们会爱上错误的观念，如果不知道人的这个弱点，我们一生的进化就无从谈起，我们太像一台机器，只按照第一次写入的程序运转——即使这程序是错的。即使作为机器，这也是一台可悲的、无法升级的机器。

孔夫子说，朝闻道，夕死可矣。学习的本质就是至死也心态开放，随时准备闻道，不能说我快死了，我又浪费了许多时间，索性错到底。

保持阅读力，保持倾听力，保持反省力，内体察自己的潜意识，外参考他人的成就，这种闻道的能力，随着年岁的增长，益发敏锐，益发准确，一叶落而知秋，一个眼神就可以发现自己的朋友，那是人生的莫大快乐。

下周很重要，给你一个任务，不再为过去的错误懊悔。错误的观念，错误的朋友，错误的行为，总会出现在我们的人生中，不必害怕，只要有祛病之心，不被这些错误控制，快乐就代替了懊悔，错误不过是你的营养。

What Will You Do This Week ?

Mon day.

A.M.

P.M.

Thu day.

A.M.

P.M.

Fri day.

A.M.

P.M.

JAN. ☐ FEB. ☐ MAR. ☐ APR. ☐ MAY. ☐ JUN. ☐

Tue day.

A.M.

P.M.

Wed day.

A.M.

P.M.

Sat day.

A.M.

P.M.

Sun day.

A.M.

P.M.

JUL. ☐ **AUG.** ☐ **SEP.** ☐ **OCT.** ☐ **NOV.** ☐ **DEC.** ☐

17 / 52 知道别人最容易犯的错误最有利于自己投资

决定某种学说影响力的，往往是其传播性，而不是其正确性。错误的学说，如果抓住了人性的弱点，深入人心，那么，它就具有统治地位。

所以，以为自己正确，就一定赢，甚至倨傲地侮辱他人，粗暴地干涉他人，那是对传播性一无所知的笨蛋，我很同情被他们传播的正确理论，那意味着人们更难接受它们了。

凯恩斯在传播性上，是非常值得研究的一个人。有正确经济学认知的人，讨厌凯恩斯的学说是必然的，他把干涉市场和印钞放水正确化、神圣化。他其实不是经济学家，他是反经济学家。但奇特的是，凯恩斯学说最大的受害者，那些勤奋工作的人，那些节俭持家的人，那些恪守传统美德的人，也很喜欢他，期待一轮又一轮的放水与干涉，认定这有利于经济发展。

奥地利经济学派拥有真理，但凯恩斯主义拥有各国政府与各国人民。

我作为奥地利经济学派的一员，说实话，毫无焦虑，拥有真理，主要是让自己更有力，说服别人是副产品，说服不了就算了，有什么可焦虑的？当你知道别人都接受凯恩斯的错误时，你在投资上反而占了先手。善用错误，错误就是资源。

优秀的投资家，骨子里都是奥地利经济学派，像巴菲特和芒格，我几乎看了他们所有的书籍与讲话，他们的知识构成里没有奥地利经济学派，他们对公共政策的表态，基本是反奥地利经济学派，亲凯恩斯主义。但是他们最核心的价值判断——“公司的定价权必须赢过通货膨胀”，却高度契合奥地利经济学派的主旨。

凯恩斯不是经济学家，但我很喜欢他其他方面的一流表现。他是一流的投资者，去世时是巨富，考虑到他投资于经济最糟糕的时期，这成就尤其令人惊讶；他是一流的轶事制造者（媒体酷爱这点），有次丘吉尔发电报给他，“我越来越接受你的观点”，凯恩斯答道：“这是我的荣幸，不过我已经改变观点了”；他是一流的宣传者，一流的语言大师，有人批评凯恩斯主义长期来看，遗祸无穷，他哲人般的还击，无赖而优美，打动了听众：长期来看，我们都是要死的。

他对人生，充满了真知灼见，警句无穷：

“有时犯犯错误是不会有坏处的，如果错误马上被发现，就更不会有什么问题了。”

我是如此讨厌他，又是如此喜欢他。我讨厌他的错误，但一旦知道他错了，他又像是你的助攻者。

犯错不可怕，错误不可怕。不知道错误才可怕。在竞争中，不知道自己犯错的人，肯定是输家。

下周很重要，每天写下计划，沉思，反省，不要怕错误。

What Will You Do This Week ?

- [ ]
- [ ]
- [ ]
- [ ]
- [ ]
- [ ]
- [ ]
- [ ]
- [ ]
- [ ]

Mon day.

A.M.

P.M.

Thu day.

A.M.

P.M.

Fri day.

A.M.

P.M.

JAN. ☐ FEB. ☐ MAR. ☐ APR. ☐ MAY. ☐ JUN. ☐

Tue day.

A.M.

P.M.

Wed day.

A.M.

P.M.

Sat day.

A.M.

P.M.

Sun day.

A.M.

P.M.

JUL. ☐ AUG. ☐ SEP. ☐ OCT. ☐ NOV. ☐ DEC. ☐

18 / 52 诱惑是什么？

诱惑是什么？

米兰·昆德拉说：“从现在起，我开始谨慎地选择我的生活，我不再轻易让自己迷失在各种诱惑里。我心中已经听到来自远方的呼唤，再不需要回过头去关心身后的种种是非与议论。我已无暇顾及过去，我要向前走。”

诱惑是让你不相信自己。

在你快乐、满足、到达终点时，诱惑不会出现，那时你自我肯定，诱惑无处立足。

等你有了空洞，诱惑才能发出声音。正如你那一瞬间的虚弱，感冒病毒才有了入侵机会。

所谓的努力又是什么？

就是尽一切可能。就是力竭，休息一会儿，等力量再生，再次力竭，如此重复。

我们知道，现在与未来，有时间差距。站着的此地，与将到达的远方，有漫长的空间距离，需要一步步填满，有人走得快一点，但是再快也得一步步走，飞不起来。

因为力竭随时发生，疲惫如影随形，而远方太远，我们累得低下了头，只看得见前方三五米。此时此刻，属于诱惑，它告诉你，有办法更快，更轻松，更高明，只是你太傻，太努力，太坚持，所以不知道捷径，只要把你交给诱惑，就可即时满足，就有你理解不了的美妙实现。

诱惑的本质是否定你，嘲笑你，许诺你飞，然后摔断你的腿，你的腿或许可以治愈，速度却会变慢，多断几次，就治不好了，到不了远方，只好把自己彻底交给诱惑，诱惑爱你彻底无力，爱你不停卑微恳求，你将相信它的一切谎言。

镇定，努力，一步步往前走，有时姿态不好看，没事，不好看的实现也是实现，不完美的证明也是证明。这是相信自己，相信自己获得的知识与能力，终将带我达到远方。月球那么远，火星那么远，将来未必够远。

下周很重要，写下你的计划，那是你相信自己的证据。

What Will You Do This Week ?

Mon day.

- [ ]
- [ ]
- [ ]
- [ ]
- [ ]
- [ ]
- [ ]
- [ ]
- [ ]
- [ ]

A.M.

P.M.

Thu day.

A.M.

P.M.

Fri day.

A.M.

P.M.

JAN. ☐ FEB. ☐ MAR. ☐ APR. ☐ MAY. ☐ JUN. ☐

Tue day.

A.M.

P.M.

Wed day.

A.M.

P.M.

Sat day.

A.M.

P.M.

Sun day.

A.M.

P.M.

JUL. ☐ AUG. ☐ SEP. ☐ OCT. ☐ NOV. ☐ DEC. ☐

19 / 52 你的前身是苏东坡

万里归来颜愈少，微笑，笑时犹带岭梅香。试问岭南应不好，却道：此心安处是吾乡。

——苏东坡

近千年之后，一句“此心安处是吾乡”，仍在抚慰我们的心灵。再过一万年，人类已经星际殖民，他们还会喜欢苏东坡，他有打动人心的超能力。

自从有了苏东坡，中国的读书人（现在教育普及，大家都是读书人）在人生模板的选择上，轻松了很多，就是努力成为苏东坡那样的人。

他会考试，诗文书画，专业一流；会做官，敢闯敢试，百姓爱戴。这两点对普通人来说，吸引力未必够，有点不接地气，是很高明，但也疏远，太上等人了。这样的文人，有不少。他们中的绝大多数，一旦失意，寻死觅活，过于抑郁——当然，这可以理解，当时文人就只有一条实现抱负的路径，那是当时的体制决定的。

苏东坡高明的地方在于，他认为人生有无限可能，仕途断了，精力正好用来做别的事情，“此心安处是吾乡”，出自他口，才有说服力。

苏东坡 43 岁从冤狱出来，被贬到黄州当个小官，穷得半死，每月初一，就要把钱分成 30 份，每天不能超预算。一般人，心理恢复近乎不可能，要得创伤后综合征。苏东坡倒好，一到黄州，看到大江，马上想到鱼多，穿行于竹林，闻到了笋香，满脑子都是吃。有朋友想到他的处境，写来悲悲戚戚的信，他回信批评，说这样哭丧着脸不像话，书等于白读了。

苏东坡在黄州，写过一首《猪肉颂》，有人认为文采不行，我却觉得，这属于他最杰出的作品之一，是他的《欢乐颂》，证明了他是一个伟大的发明家，也说明中国人不缺理性乐观派的传统。

《猪肉颂》其实是一道新菜的烹饪指南：净洗铛，少著水，柴头罨烟焰不起。待他自熟莫催他，火候足时他自美。黄州好猪肉，价贱如泥土。贵者不肯吃，贫者不解煮，早晨起来打两碗，饱得自家君莫管。——核心技术是慢火煨炖，慢慢等候。东坡肉，这道中国最著名的美食于是诞生了。

苏东坡仕途不顺，一生几起几落，最后死于落的阶段。一般文人，不知多焦虑，多哀怨。但是你一想到他，就会看到一个快乐的人，在世界的每一个角落，在人生的每一天，总有发明创造的乐趣。在你看来，是贬他，流放他，他却转化成一场意外的旅行，在这意外中感悟、布道、喝酒、做菜、微笑、大笑。我们不做这样的人，岂不是太浪费做人的机会？

下周很重要，写下你要做的、快乐的事。苏东坡认为陶潜是他的前身，你要把苏东坡当成你的前身，将人生煨炖成好人生。

What Will You Do This Week ?

- [ ]
- [ ]
- [ ]
- [ ]
- [ ]
- [ ]
- [ ]
- [ ]
- [ ]
- [ ]

Mon day.

A.M.

P.M.

Thu day.

A.M.

P.M.

Fri day.

A.M.

P.M.

JAN. ☐ FEB. ☐ MAR. ☐ APR. ☐ MAY. ☐ JUN. ☐

Tue day.

A.M.

P.M.

Wed day.

A.M.

P.M.

Sat day.

A.M.

P.M.

Sun day.

A.M.

P.M.

JUL. ☐ AUG. ☐ SEP. ☐ OCT. ☐ NOV. ☐ DEC. ☐

20 / 52

你我的苏东坡计划

很多人想在财务自由后不工作，天天休息。而疫情期的生活，证明这种梦想不成立。只有在工作时，休息才值得期待，一直让你休息，工作反而成为美味。

这道理，是经济学里的“边际效用递减”，在书本里或许不能理解，理解不深，实际经历过，想忘也忘不了。

走出危机，并非某种手段用得越多越好，超出了边际，只会起反作用。比如适度的恐惧，人的这种本能，对觉察危险有帮助，但过度恐惧，却成了严重的心理疾病。

一个高明的管理者，知道“正常”有着非凡的治疗能力。欧内斯特·沙克尔顿，一个失败的探险者，一个最成功的危机领导者，深谙此点。他的南极探险船“坚忍号”为冰所困时，开始了漫长的等待，为了防止队员们心理崩溃，他做的第一件事就是当作船只仍在移动，要求所有人按部就班开展日常工作，包括看起来是无用功的刷洗甲板和船身。

我们是我们自己的管理者，你是船长也是船员。在这个非常时期，开始去寻求“正常”，在恐惧与愤怒之外，唤醒其他情绪。

即使出不了门，也可以练俯卧撑，定下次数，要求自己每天必须做到。让你操心的计划，能克忧愁。完成一个有点难度的计划，必然愉悦。顺便说一声，其实力量增长也很快，20 年前我练俯卧撑，从一组不到 20 个，进阶到一组 200 个，可能也就用了一年。现在多年没练了，但一组 50 个，还是毫无问题的。我前年开始练引体向上（家里有条件也可做），从开始时绝望地挂着一动不能动，到一组 10 下，也只花了一年多时间。生活中有很多这种踮脚去够的美妙事情，一个个列出来，去试一试，很多事情，试一试就成了，就像跑一万米，不试永远不会成，这能让我们多元，让我们有韧性。

上期的“下周很重要”写到苏东坡，似乎是冥冥之中有天意，他那样一个在灾难之中总能找到生活乐趣的人，很适合成为当下的生活榜样。

下周很重要，我们回归正常，订个计划，就命名为“我的苏东坡计划”吧。

What Will You Do This Week ?

- [ ]
- [ ]
- [ ]
- [ ]
- [ ]
- [ ]
- [ ]
- [ ]
- [ ]
- [ ]

Mon day.

A.M.

P.M.

Thu day.

A.M.

P.M.

Fri day.

A.M.

P.M.

JAN. ☐ FEB. ☐ MAR. ☐ APR. ☐ MAY. ☐ JUN. ☐

Tue day.

A.M.

P.M.

Wed day.

A.M.

P.M.

Sat day.

A.M.

P.M.

Sun day.

A.M.

P.M.

JUL. ☐ AUG. ☐ SEP. ☐ OCT. ☐ NOV. ☐ DEC. ☐

21 / 52

具体的爱可防精神病毒感染

我为什么活着？人为什么活着？

在这个特殊的时期，你可能会想这个问题。至少，更容易想这个问题。

我倒常想这个问题，答案都是，不为什么。

蚁是偶然，人是偶然，我是偶然，宇宙亦如是。大河河面的一个小泡泡。

这答案给我安静与放松，也让人找到具体的目标：离自己越近的人，越要让他们活得好。爱你的人你不爱，爱你的人你让他痛苦，却说自己爱陌生人，爱抽象的人类，这不合常理，不合逻辑，这是逃避。

具体的爱很累，是工作，是水电费，是菜市场，是早起，是晚归，是房贷，是一声细细的叹息，是克制，是自律，是保持健康，是镇定，是学会放松。

没有这些具体，我们就没有存在过的证据。没有爱过具体的人，就没有爱的证据。有了这些具体，我们的人生的泡泡就是坚固的，一天很短，一生很短，却可以做很多具体的事。

所以，我爱你，你爱我，这是彼此赋予意义，让偶然不再是偶然，你爱一个人，不是使唤他，占有他，利用他，好像他是你的保姆，是你的饰品，而是产生这种想法：我要为你活得健康一点，富裕一点，高贵一点。你开始主动追求那些具体的累，你不再取巧，那些抽象的名词，那些模糊的未来，那些夸张的情感，不再像病毒一样感染你。

下周很重要，那些我们写下的、完成的、具体的爱，才是真正的爱，才是我们给这个世界的答案。

What Will You Do This Week ?

Mon day.

- [ ]
- [ ]
- [ ]
- [ ]
- [ ]
- [ ]
- [ ]
- [ ]
- [ ]
- [ ]

A.M.

P.M.

Thu day.

A.M.

P.M.

Fri day.

A.M.

P.M.

JAN. ☐ FEB. ☐ MAR. ☐ APR. ☐ MAY. ☐ JUN. ☐

Tue day.

A.M.

P.M.

Wed day.

A.M.

P.M.

Sat day.

A.M.

P.M.

Sun day.

A.M.

P.M.

JUL. □ AUG. □ SEP. □ OCT. □ NOV. □ DEC. □

不鸟

朱耷的《孤禽图》，是我很喜欢的一幅作品。

朱耷是明末清初的大画家，号八大山人。小时候我一直以为八大山人是八个人。据说他是朱元璋的后代，所以明朝灭亡他特别不高兴，画作里就有不合作精神。这幅《孤禽图》，偌大画面，只有一只翻白眼的愤怒小鸟，也可以叫做《不鸟图》。

我感兴趣的不是朱耷的家国仇恨，对于现代人来说，明与清的更迭，就像翻一张日历，没什么感觉了。而是朱耷画作的现代感，以最少体现最多。天地之间只剩一只白眼，这白眼就等于天地。

小鸟本是很普通的物种，我现在窗外有一堆小鸟在唱歌。但一只鸟倾注了画家的专注，寄托了特殊情感，也就不再普通。身边万物，是我们精神的折射，我们专注于一件事，再小的事，画小鸟这么小的事，却成了我们身体与精神的一部分。

下周很重要，画下你要专注的小事，一本书，一顿饭，一席聊天，一次远足，虽是小事，只要你郑重其事，便有深长意味，人也慢慢安静，仿佛湖水重新清澈。

What Will You Do This Week ?

- [ ]
- [ ]
- [ ]
- [ ]
- [ ]
- [ ]
- [ ]
- [ ]
- [ ]
- [ ]

Mon day.

A.M.

P.M.

Thu day.

A.M.

P.M.

Fri day.

A.M.

P.M.

JAN. ☐ FEB. ☐ MAR. ☐ APR. ☐ MAY. ☐ JUN. ☐

Tue day.

A.M.

P.M.

Wed day.

A.M.

P.M.

Sat day.

A.M.

P.M.

Sun day.

A.M.

P.M.

JUL. ☐ AUG. ☐ SEP. ☐ OCT. ☐ NOV. ☐ DEC. ☐

23 / 52

那重要的一天终会到来

厌烦，在人生中，很长时间你是这态度。可能从上学开始，因为学习伴随着大量的挫折、失败和批评，自然产生的想法是：哪一天能不做作业就好了！

终于可以不做作业，我们又得日复一日地工作，挣钱养家，买房买车，监督孩子做作业。你知道，那个有时候愁眉苦脸不耐烦的孩子，脑子里的想法是：哪一天能不做作业就好了！哪一天？没有那一天。

人生的每一天都在做作业。如果我们觉得它苦，那厌烦感就伴随一生，最大的苦，是你觉得它苦，而你又不得不苦。人生是主观的，一直要到那一天，你突然发现，日复一日的作业，它在传递价值，苦有了滋味，就像你发现苦瓜好吃。这时候，你反而会给自己布置作业，在自我进化史中，你发现价值的那刻，就像人类第一次会用火，从此保存它，用柴用煤用气喂养它。

人生是价值发现之旅，你不发现价值，它就强加一个糟糕的价值给你，使你厌烦，越是亲近你的人，你越觉得他们是负担，你最厌烦自己，然后是家人，最后是世界。

而发现了价值，传递价值又是必然，就像火必然给人温暖，你自己最受益，然后是家人，最后是世界。正如了不起的 CEO 韦尔奇所说的：

“一旦你产生了一个简单而坚定的想法，只要你不停地重复它，终会使之成为现实。提炼、坚持、重复，这是你成功的法宝；持之以恒，最终会达到临界值。”

什么是企业家？就是能把你的价值观传递出去，变成产品与服务的人。不停地重复，不再是厌烦，就像韦尔奇所说的，他在企业内部巡回发表一次又一次的演讲，讲到自己疲惫，但是并不会停止与厌烦，因为这是一个价值观塑造的过程，只有员工们都接受了新价值，企业的变革才会发生。

当人决定过好每一天的生活，他晚上回到家，会疲惫，但他已不再厌烦。他知道，这重复的一天，做了差不多同样的事，读了差不多同样多的书，同样的拥抱，同样的陪伴，但是爱、责任与实现，都在不停地累积。

我的日常，不再是别人布置的作业，而是我价值的依托，正如我的脉搏，来自我的心脏，坚定，持久，一生不息。

下周很重要，写下你简单而坚定的任务，简单而坚定地完成它。

What Will You Do This Week ?

- [ ]
- [ ]
- [ ]
- [ ]
- [ ]
- [ ]
- [ ]
- [ ]
- [ ]
- [ ]

Mon day.

A.M.

P.M.

Thu day.

A.M.

P.M.

Fri day.

A.M.

P.M.

JAN. ☐ FEB. ☐ MAR. ☐ APR. ☐ MAY. ☐ JUN. ☐

Tue day.

A.M.

P.M.

Wed day.

A.M.

P.M.

Sat day.

A.M.

P.M.

Sun day.

A.M.

P.M.

JUL. ☐ AUG. ☐ SEP. ☐ OCT. ☐ NOV. ☐ DEC. ☐

24 / 52

人不需要成为超人 人本身就是超人

好的东西，得到很难，但失去容易。

保护了上千年的精美瓷器，摔碎只要一秒钟。

巴菲特说过，建立信用可能要半辈子，失去它却只要一瞬间。

这就是所谓的熵增。代表着混乱、无序、毁灭的熵，它才是最强大的力量。

从宇宙的角度，人类社会的任何一件事，任何一个人，都是奇迹。最混乱的房间，里面也有熵减，最懒散的人，他身上也有熵减。生而为人，就是一个奇迹。只是我们身处奇迹当中，看得习惯，难免会忘了奇迹的力量。

一个人要从熵增走向熵减，只需一念，他决定收拾房间，他决定今天从懒散的状态里振作起来，想到就可做到。这种力量，我们体验过无数次。这就是创造奇迹的力量。人不需要成为超人，人本身就是超人。

只要是真的成就，比收拾房间，比一天振作，难多了。但也不是难很多，可能难1000倍，今天的1念养成1000念，难事就成易事。在新的层次上，你发1念，就有1000念的功力，再养大1000倍，这是多么可怕的增长速度？

好的事情，做起来都显得慢。坚持 10 天，已经疲惫，熵增如高墙一样挡在前面，但事情好像还是原样。这让很多人沮丧，并且放弃。其实你要开心，虽然你也沮丧，你也疲惫。可你深知这沮丧和疲惫将帮你淘汰竞争对手，正如兰迪·波许所说：

“每一个困难都是挡在你面前的一堵高墙，但墙之所以存在，不是为了阻拦你，而是为了激励你，墙是想检验你到底有多想要墙背后的东西，是为了阻拦没那么渴望的人。”

不困难的事不值得做，做一件事若没有困难出现，这件事就无收益，它无法诱发出你原来没有的力量，困难让你无中生有，一本万利。

下周很重要，写下计划就有压力，根据你的经验，很多计划无法 100% 完成，总会被困难打折。只要记住，这压力，这困难，这沮丧，这不完美，其实都是你的好朋友，你就能够放松地坚持。

What Will You Do This Week ?

Mon day.

- [ ]
- [ ]
- [ ]
- [ ]
- [ ]
- [ ]
- [ ]
- [ ]
- [ ]
- [ ]

A.M.

P.M.

Thu day.

A.M.

P.M.

Fri day.

A.M.

P.M.

JAN. ☐ FEB. ☐ MAR. ☐ APR. ☐ MAY. ☐ JUN. ☐

Tue day.

A.M.

P.M.

Wed day.

A.M.

P.M.

Sat day.

A.M.

P.M.

Sun day.

A.M.

P.M.

JUL. ☐ AUG. ☐ SEP. ☐ OCT. ☐ NOV. ☐ DEC. ☐

足轻重的小事

我爱漫步，最近更加着迷，周末每天不间断地走 20 公里。

今天的工作忙完，我就得出发。恰好是摄食日，灌满我的小酒壶，不时喝一口，衣上征尘杂酒痕，假想我是陆游。

解释一下摄食日。就是我吃东西的日子。明天就是禁食日，除了喝水，一点东西不吃的日子。一日摄食，一日禁食，这个 ADF 饮食法转眼也坚持半年了。都可以不用“坚持”这两个字了，身心愉悦，让我不这么做才辛苦。

说回漫步，我平时每天也得走一个多小时，是专心走，挑最合适的鞋子，不带手机。阿基米德的灵感来自泡澡，而我的来自漫步。无论是公司的经营，还是文章主题，和连太边走边聊，想法就逐渐成熟。

前几天有位朋友为某事焦虑，我一看，那不是事，只不过被巧妙的煽情包装成了事，不可能发生，就是发生了也不值得过多关注。但对一个习惯性焦虑的人，跟他说这些没用，他反而更焦虑。我说，建议你出门走一走，仙岳山山顶的石径，杜鹃花正好，可能是厦门岛内最漂亮的山路，来回走一趟，一个多小时，不要带手机，专心看树看花，看云看鸟，回家就好了。

他惊呼，不带手机，重要的事情发生怎么办？

我说，你没那么重要，世界也没那么重要；不带手机漫步，能更清楚地知道，焦虑来自于我们自以为是，来自于我们失去耐心。

我们经历的，基本是小事，我们做的，也基本是小事，最重要的，是有一些我们自己喜欢的小事，天天重复它，价值藏在这些微小行动中。

阿尔伯特·史怀哲说："在人类的理想意愿中，始终只有一小部分能成为轰轰烈烈的大事件，所有其他意愿注定是默默无闻的微小行动。这些微小行动所共同体现的价值，要比轰轰烈烈的事件强大千倍。后者之于前者，就像深海浪尖上转瞬即逝的泡沫。"

下周很重要，再次写下你喜欢做的微小行动，再次重复它们。

What Will You Do This Week ?

- [ ]
- [ ]
- [ ]
- [ ]
- [ ]
- [ ]
- [ ]
- [ ]
- [ ]
- [ ]

Mon day.

A.M.

P.M.

Thu day.

A.M.

P.M.

Fri day.

A.M.

P.M.

JAN. ☐ FEB. ☐ MAR. ☐ APR. ☐ MAY. ☐ JUN. ☐

Tue day.

A.M.

P.M.

Wed day.

A.M.

P.M.

Sat day.

A.M.

P.M.

Sun day.

A.M.

P.M.

JUL. ☐ AUG. ☐ SEP. ☐ OCT. ☐ NOV. ☐ DEC. ☐

26 / 52

阅读两戒

我推荐书的速度加快了，引起一些读者的焦虑：自己的阅读速度跟不上。

完全没必要焦虑。这是阅读最怕的两点之一。阅读变成单纯的刷数量，一本书拿来，追求迅速读完。这就像一顿大餐，你想十分钟吃完，没必要，大餐享受的是过程，有停顿，有谈话，细嚼慢咽，吃两三个小时，这是匹配它的速度。

阅读最怕的另一点，就是不阅读。很多人阅读力弱，无法将一本书看完，甚至有些写作者都是如此（别意外，真的）。这世界很友好，混着不难，甚至不阅读的人，假装读了很多书，也不难。但装总是害自己的。聪明人最后都会阅读，阅读主要是提升自己的能力，改善自己的生活，是自然而然的需求。

一般人每天工作，照顾家庭，可供阅读的时间并不多。一个月读一两本书就行了，平均到每一天，就是 15 页至 30 页左右，把书带着，有空就翻几页，不难完成，每本书，解决你一点工作生活的疑问，提供一个思考的角度，用起来，你就会越读越爱，越爱越快。就像你练长跑一样，开始只能跑 400 米，又绝望又焦虑，但只要每天跑一跑，跑力增长很快。

你的阅读力可能最后和我一样快，虽然很难，毕竟我是职业阅读写作者，我也练了几十年，我还双语阅读，但这些都不是什么难事。当然我的意思不是我们非得比速度，那就焦虑了。我的意思是，一个人持续阅读，就会越来越快，因为阅读能解决问题，对它有依赖。

慢慢开始已经成功一半，专一把你手上那本书读完，弄皱搞脏，染了茶渍酒渍，到处涂抹记号，都没有问题，书现在是最便宜的东西，不是历史上的稀缺品，把它读旧读坏，证明你投入，证明它有用。大不了再买一本新的，不就一份快餐的钱吗？

下周很重要，下周建议你把手头的书读完，众声喧哗，信息洪水，专注于一本书，则会瞬间静音，安定地生智慧。

What Will You Do This Week ?

- [ ]
- [ ]
- [ ]
- [ ]
- [ ]
- [ ]
- [ ]
- [ ]
- [ ]
- [ ]

Mon day.

A.M.

P.M.

Thu day.

A.M.

P.M.

Fri day.

A.M.

P.M.

JAN. ☐ FEB. ☐ MAR. ☐ APR. ☐ MAY. ☐ JUN. ☐

Tue day.

A.M.

P.M.

Wed day.

A.M.

P.M.

Sat day.

A.M.

P.M.

Sun day.

A.M.

P.M.

JUL. ☐ AUG. ☐ SEP. ☐ OCT. ☐ NOV. ☐ DEC. ☐

27 / 52 该我的，在今天拿

该我的，总是我的。人对自己，对世界，要有点这自信。这是人间基本的运行规律。

该我的，是什么？有多少？我们并不知道，知道了就没意思了。所以明天总像一个盲盒，打开才能发现有多少惊喜。今天收获的惊喜，存起来，种到土里，慢慢多起来。

所以今天总是很好的一天。今天尽力了，明天力气又会恢复，惊喜也更多一些。今天尽力了，还能弥补昨天的不尽力，还能把昨天的悲伤、绝望与虚无，重整成资源。只要真诚面对自己，我们经历的一切都不会浪费。

黄永玉这句话说得好：

“为了钱画画你钱也弄不多，你认真去画，不想这些事情，你这么长年累月下去，钱来的时候挡也挡不住，真是这样。这样一个月、两个月，一年两年不见效的话，你长期考虑考虑就知道是真话了。”

好好画今天的画，过好今天的日子，该有的就会有。

过好今天，这个目标是可行的、具体的、细小的，不容易变形。从这点来看，我们的人生控制在自己手中。否则的话，我们很容易陷入“只想得，不想做”的白日梦，以为可以违背人间的规律，以为不该我得的，我也能得到。想不到还好，不该得的，真掉到你头上，那才是灾难。世上的好东西，荣誉、金钱、权力，都是大能量，才德不匹配，就像踮脚举重物，举不久，最后掉下来还会砸伤人。

下周很重要，计划好下周的每一天，自己越强壮，该得的能量就越大。

What Will You Do This Week ?

Mon day.

- [ ]
- [ ]
- [ ]
- [ ]
- [ ]
- [ ]
- [ ]
- [ ]
- [ ]
- [ ]

A.M.

P.M.

Thu day.

A.M.

P.M.

Fri day.

A.M.

P.M.

JAN. ☐ FEB. ☐ MAR. ☐ APR. ☐ MAY. ☐ JUN. ☐

Tue day.

A.M.

P.M.

Wed day.

A.M.

P.M.

Sat day.

A.M.

P.M.

Sun day.

A.M.

P.M.

JUL. ☐ AUG. ☐ SEP. ☐ OCT. ☐ NOV. ☐ DEC. ☐

28 / 52

如果你不想做
你会找一个借口
如果你想做
你会找一个方法

昨天深夜，有读者朋友突然失控暴食后来留言，表达的内容你猜得到，无非是对自己失望、懊悔，以及暗示进一步自暴自弃。

这种经验我有。富足时空里的人都有。但这种经验是新的，就像用电与用手机的经验是新的。在漫长的进化史中，营养稀缺，暴食必然产生快乐与满足。事实上，人之所以暴食就是回忆远古的进化乐趣。但是现代的理性马上抑制了原始的乐趣，因为这将产生过多的脂肪，于健康不利，也不符合现代审美标准。

这是现代人的美食悖论：我们听从本能的快乐召唤，最后得到理性的挫败。这个悖论如此普遍，如此折磨人，它一定有个解决办法。这是人的知识来源之一：我是我的资源，我是我的学生，我对我提出难题，我解答了我的难题。

正如斯宾诺莎所说：

“如果你不想做，你会找一个借口；如果你想做，你会找一个方法。”

让我们逃避的难题后面，都有个解决办法。我现在一点也不怕美美地吃一顿，事实上，今天是周末，晚上就要和好朋友吃饭。

面对美食，我现在是放松地、尽情地当好老饕。因为我找到了解决现代人美食悖论的方法。那就是复原祖先的饮食情境：他们饱食后的下一顿，第二天，甚至第三天，往往没有足够食物，只能饿肚子。我们饱食后就饿一顿，或者饿一天，摄入的营养全部消耗掉，生理与心理都不再有负担。

能饿，是大本事，是释迦牟尼才有的本事。黑塞的杰作《悉达多》里，有人问悉达多：你有什么本事？悉达多说我能斋戒。那人说：这有什么用？悉达多说：有大作用，饿的时候我不会慌张。我们美食之后用饿消解，是悉达多方法 2.0，吃的时候我不会慌张。

能饿，则偶尔失控暴食时不再有失望、懊悔及自暴自弃的情绪，你更容易生出这个决心：下一顿、下两顿不吃就是了。因为吃得饱，你更容易习得饿的技能。你得到了双倍的快乐：美食的和斋戒的。烦恼化为菩提。

下周很重要，不如像悉达多一样，把饿一次列入计划。

What Will You Do This Week ?

- [ ]
- [ ]
- [ ]
- [ ]
- [ ]
- [ ]
- [ ]
- [ ]
- [ ]
- [ ]

Mon day.

A.M.

P.M.

Thu day.

A.M.

P.M.

Fri day.

A.M.

P.M.

JAN. ☐ **FEB.** ☐ **MAR.** ☐ **APR.** ☐ **MAY.** ☐ **JUN.** ☐

Tue day.

A.M.

P.M.

Wed day.

A.M.

P.M.

Sat day.

A.M.

P.M.

Sun day.

A.M.

P.M.

JUL. ☐ AUG. ☐ SEP. ☐ OCT. ☐ NOV. ☐ DEC. ☐

29 / 52

幸福的养料 不忘 99%

大多数事情我们看不见，大多数人我们看不见，大多数声音我们听不见。

为什么会有这么大的盲区？我一直赞叹贝叶斯定理是个很厉害的思维与分析工具，它可以解释。大多数人和事物是正常的，我们习惯了。美好也容易习惯，兰花开三天，你就忽略了它的香。而极端事物给予人刺激，才印象深刻。贝叶斯定理就提醒我们不要忘记这个大多数，否则，就是忽略了先验概率，算出了错误的结果。

马云说得更形象一点：

“大概任何国家都有 1% 左右的脑子撞坏的混蛋，如果我们过多关注了 1%，而忘掉 99% 善良的人群，这是人类的悲剧和悲哀。”

这 1% 的“脑子撞坏”，就属于生活中的极端事件，它的比重很小，可以视为不存在。但它的存在感又可以很强，媒体喜欢报道极端事件（这是媒体业的基因缺陷）；匿名的社交平台，正经人说话当然继续保持谨慎，甚至不说话，但那 1% 却更加肆无忌惮，以至于好像占了世界的 50%，甚至更多。我们似乎知道得很多，但却知道得更少了，因为我们忘了那 99%。

只盯着那 1%，并不是一个人更敏锐、更有责任感，只是一个人的思维没受过训练，只愿意跟着情绪走。如果这个人恰巧抒情水平高，那更是误人误己，把自己搞得很悲壮，把世界想得很黑暗，其实不过只是在 1% 里鬼打墙。

而在我们个人，我们生活中的言行，也分成 99% 与 1%，我们有那 1% 的脑子坏掉时刻，做一些混账事，说一些混账话，伤害自己爱的人，毁掉自己的生活。如果我们希望生活幸福，就得控制这 1% 的黑暗面。当然，我们爱的那个人，当他 1% 的坏时刻发作时，不要针锋相对，火上浇油，这会烧毁 99%。多想想他的 99%，在骂他之前，先想他的五件好。这么做很难，可是爱他呀，值得训练出这种思维与行事习惯。

约翰 · 戈特曼说："长期健康的婚姻不仅仅依赖于寻求幸福，更在于避免负面情况。维护稳健的关系，良好的互动应至少五倍于不好的互动。"

下周很重要，制订一个幸福的计划，你或有不满、指责与悲伤，在这 1% 冒出来之前，先做五件让你平静、获益与长进的事，给幸福足够的养料。

What Will You Do This Week ?

- [ ]
- [ ]
- [ ]
- [ ]
- [ ]
- [ ]
- [ ]
- [ ]
- [ ]
- [ ]

Mon day.

A.M.

P.M.

Thu day.

A.M.

P.M.

Fri day.

A.M.

P.M.

JAN. ☐ FEB. ☐ MAR. ☐ APR. ☐ MAY. ☐ JUN. ☐

Tue day.

A.M.

P.M.

Wed day.

A.M.

P.M.

Sat day.

A.M.

P.M.

Sun day.

A.M.

P.M.

JUL. ☐ AUG. ☐ SEP. ☐ OCT. ☐ NOV. ☐ DEC. ☐

30 / 52

写作很简单 人生亦如是

一个人早年作的诗是这般缺乏意义，我们应该毕生期待和采集，如果可能，还要悠长的一生；然后，到晚年，或许可以写出十行好诗。

——里尔克

里尔克此话，可以换个说法：此生最后的十行诗总是最好的，总摄其余诗句。这是诗人的信念，也是创作观，他会很愉快，更好的诗总是在后面。

你我可能不是诗人，想当诗人的人也不多，诗人也不是想当就能当的。里尔克这句话，或许教不会你写诗，但是可以教你做一切事，当你找到看事物的简单原则时，你便不再摇摆，你会喜欢自己做的事，甚至是写诗。

我们此生的方法与意义是自我赋予的。

你也有一句属于你的话。其中有意义，有方法。当然，还找不到，也没有关系，里尔克这句也可以属于你，最后的十行诗总是最好的，但是，你一生都得写，你才写得出最后十行。

我年少时是诗人，现在不是，但我老了，可能也会每天写十行诗。我知道，只要写，就可能写出一切。有人问，写作有何方法？有的，可以无偿告诉你：

一、认真生活。认真了每件事都会显示意义。

二、每天看点好文字，当然包括好诗歌。

三、每天写点什么，一句话也行。

久了，这三点就会融成一体，你随手就能写出通顺的文字，甚至可能有诗意。即使没有诗意，但饱满与真诚却不会缺，有这两点，就是好文字了。

下周很重要，写下你认真生活的计划，这是一切意义与方法的素材。这样慢慢写下去，做下去，最好就会显现，以你独特的方式显现，像里尔克找到诗歌。

What Will You Do This Week ?

- [ ]
- [ ]
- [ ]
- [ ]
- [ ]
- [ ]
- [ ]
- [ ]
- [ ]
- [ ]

Mon day.

A.M.

P.M.

Thu day.

A.M.

P.M.

Fri day.

A.M.

P.M.

JAN. ☐ FEB. ☐ MAR. ☐ APR. ☐ MAY. ☐ JUN. ☐

Tue day.

A.M.

P.M.

Wed day.

A.M.

P.M.

Sat day.

A.M.

P.M.

Sun day.

A.M.

P.M.

JUL. ☐ AUG. ☐ SEP. ☐ OCT. ☐ NOV. ☐ DEC. ☐

31 / 52 因为山在那里

“因为山在那里！”

当被人问到为何要攀登珠穆朗玛峰时，乔治·马洛里如此答道。

1924 年，他和好友安德鲁·欧文尝试登顶时，一去不复返。欧文的遗体还没发现，马洛里的遗体 1999 年才被发现，至今不知道他们是否登顶成功。

Because it's there！ 因为山在那里。这句简单的陈述句，激励了无数人。包括你和我。

特别重大的事情，似乎需要特别重大的原因，但往往并非如此。在好奇心、责任感与荣誉感的驱动下，人往往不知不觉就做完了特别重大的事。即使没有完成，像马洛里与欧文那样，伟大的失败也是一种成就。

拓展能力的边界，往往伴随着失败。这种失败未必大到失去生命，反而是细微的，只是事情并没有按自己的预期发展，我们需要不停地调整，在这调整过程中，你不仅完成了计划，你还成了预料之外的你。因为山在那里，爬爬看。

比尔·盖茨说过，人们往往忽略了开始的力量。只要简单的开始，尝试去做一做，新的计划，新的行动，新的力量就开始涌现。小孩学走路时，迈出第一步快要跌倒，赶紧用第二步弥补，仍然快要跌倒，再用第三步弥补，直到百步千步。他没有什么完美包袱，也没有宏大计划，跌跌撞撞走起来就是了。毫无疑问，这孩子将来会跑，甚至爬上珠穆朗玛峰。

下周很重要，写下你一直想要做的事，用这细微的开始，做起来。跌跌撞撞也无所谓。

What Will You Do This Week ?

Mon day.

- [ ]
- [ ]
- [ ]
- [ ]
- [ ]
- [ ]
- [ ]
- [ ]
- [ ]
- [ ]

A.M.

P.M.

Thu day.

A.M.

P.M.

Fri day.

A.M.

P.M.

JAN. ☐ **FEB.** ☐ **MAR.** ☐ **APR.** ☐ **MAY.** ☐ **JUN.** ☐

Tue day.

A.M.

P.M.

Wed day.

A.M.

P.M.

Sat day.

A.M.

P.M.

Sun day.

A.M.

P.M.

JUL. ☐ AUG. ☐ SEP. ☐ OCT. ☐ NOV. ☐ DEC. ☐

32 / 52

我为什么这么高兴？

更好地规划未来，重点不在于想象什么会变，在种种风口中迷惑，为变而变；应该采取相反的策略，想想时间不会改变什么，那才是你需要坚持的。不变的东西，往往显得不那么时尚，不那么容易，笨笨地得到一点点。但是只要看清楚了，有定力，一点点是未来的万千点。

拥有美好的东西，你随着时间的流逝变得更强大。1908 年去世的阿米琪斯，用自己的创作证明了这点，创作是美好的，过去、现在、未来，人类都需要创作。他的《爱的教育》，虚构了意大利一位四年级小学生恩利科一学年的故事，1886 年出版后，立即引起轰动。

出版即引起轰动的书，可能只是幸运，未必有足够的美好战胜时间。100 年后，1986 年，联合国教科文组织把《爱的教育》正式列入“具有代表性的欧洲系列丛书”之中。它现在也是中国《教育部基础教育课程教材发展中心中小学生阅读指导目录》中的书籍。这本书已经突破了时间与空间的界限，其美好充盈一切。

《爱的教育》表述的核心很简单，在受教育过程中，一个人最核心的是学会爱。恩利科出生于一个富有教养的家庭，但关于什么是爱，他在与同学、老师和家人的互动中，也得不停地学习与体会。爱需要观察、敏锐、勇气、怜悯、担当、耐心、克制、才能……它包含一切美好。恩利科在指引下，慢慢学会在生活细节中表达爱，比如在一位刚刚失去母亲的小伙伴面前，他敏感地体会到母亲巧妙拒绝他热情拥抱的用意：这样会刺激这位小伙伴，让他更加悲伤。

理解爱，并坚持爱。这样的教育就是成功的，永恒的。这样的人生，当然也是成功的。正如书中老师对恩利科所说：不成功有时并不是缺少才能，而是缺乏耐力造成的。

下周很重要，用爱指导你的计划，写下你想坚持的美好小事，让计划实现你的爱。爱能在这些美好的小事中生长，你身边的人与土地，能感受到你的爱，那才是真正的、永恒的爱。

What Will You Do This Week ?

- [ ]
- [ ]
- [ ]
- [ ]
- [ ]
- [ ]
- [ ]
- [ ]
- [ ]
- [ ]

Mon day.

A.M.

P.M.

Thu day.

A.M.

P.M.

Fri day.

A.M.

P.M.

JAN. ☐ **FEB.** ☐ **MAR.** ☐ **APR.** ☐ **MAY.** ☐ **JUN.** ☐

Tue day.

A.M.

P.M.

Wed day.

A.M.

P.M.

Sat day.

A.M.

P.M.

Sun day.

A.M.

P.M.

JUL. ☐ AUG. ☐ SEP. ☐ OCT. ☐ NOV. ☐ DEC. ☐

33 / 52 自律四境界

第一境界：推迟满足。这更多体现为肉体的痛苦，学习、锻炼、节食，都转化为某种身体的压力，它迫切地希望得到放松与满足，将大脑从工作状态变化为享乐状态。

第二境界：承担责任，意味着在更长时空里的推迟满足。责任可长达一生，仅仅让自己爱的人过上体面的生活，都意味着数十年努力工作、积蓄、投资与还贷。有人不满，难道我这辈子就是为了还贷吗？如果要负最基本的责任，可以把问题如此简化。人之所以愿意承担这种长期的苦役，就在于他想负责。

第三境界：承受改变的痛苦。我们面对无穷的未来，无穷的知识，它们必定带来无穷的挑战，迫使我们有限的观念做出调整与改变。否定自己是极其痛苦的，固执于错误也可以过完一生。根据事实改变自己的观念，这是最难的自律。但这也是人可以持续进步的最大动力。

第四境界：享受自律。这是最容易被遗忘的最终境界。痛苦不能成为目的，它毕竟只是手段。自律过头，为自律而自律，永不实现满足，那将成为吝啬鬼。钱不是永远用于投资的，有一部分必须满足家人的享受，更好的房子，更好的车子。时间不是永远用来学习的，有一部分必须“浪费”给所爱之人，一起吃饭，聊聊天，散散步。我不只是我的，我美好的那部分，必须与你共享。

下周很重要，写下你的计划，走到自律的每一境界。

What Will You Do This Week ?

Mon day.

A.M.

P.M.

Thu day.

A.M.

P.M.

Fri day.

A.M.

P.M.

JAN. ☐ FEB. ☐ MAR. ☐ APR. ☐ MAY. ☐ JUN. ☐

Tue day.

A.M.

P.M.

Wed day.

A.M.

P.M.

Sat day.

A.M.

P.M.

Sun day.

A.M.

P.M.

JUL. ☐ AUG. ☐ SEP. ☐ OCT. ☐ NOV. ☐ DEC. ☐

34 / 52 应得四点

正道就是你得到的东西是你应得的。

——李录

一个人的得到，有应得不应得之分。

不应得的。或利或名，给你幻觉，把你高高举起，重重摔碎。痛苦加倍。

当然，得到的人，几乎都认为自己应得，直到有人被摔碎，才被迫接受那是自己不应得的。

所以，要知道应得的标准：

它是可以公开说出来的。作弊，撒谎，盗窃，欺骗，陷害，或可让人暂时得利，但无人敢承认。

它是让他人也得到的。你可以利用自己暂时的优势，唯我独尊，迫使他人牺牲。但他人会成长，你的优势可失去，更强者永远存在。你或被抛弃，或遭报复。

它是需要维护的。知识会过时，财富会贬值，健康可失去，爱情能消逝。得到不能终止，因为失去一直在进行。

所以，它是需要流汗的。得到都需要付出一定的汗水。该流的汗水越多，你要越开心，这才是真正的护城河。

下周很重要，制订你下周流汗的计划，得到你应得的，走你的正道。

What Will You Do This Week ?

- [ ]
- [ ]
- [ ]
- [ ]
- [ ]
- [ ]
- [ ]
- [ ]
- [ ]
- [ ]

Mon day.

A.M.

P.M.

Thu day.

A.M.

P.M.

Fri day.

A.M.

P.M.

JAN. ☐ **FEB.** ☐ **MAR.** ☐ **APR.** ☐ **MAY.** ☐ **JUN.** ☐

Tue day.

A.M.

P.M.

Wed day.

A.M.

P.M.

Sat day.

A.M.

P.M.

Sun day.

A.M.

P.M.

JUL. ☐ AUG. ☐ SEP. ☐ OCT. ☐ NOV. ☐ DEC. ☐

善良，淡定
这是真聪明的
起点

说实话，就是钻进他人的皮肤里，走来走去，也未必能够真的认识一个人。

我们天生就在自己的皮肤里，一刻也没有钻出来过，但是，我们真的认识自己吗？

如果我们对自己的认识是错的，那钻进他人的皮肤里走来走去，能够认识他吗？只能对他形成错误的认识。

认识你自己。这是人一生的任务。这是人类永恒的任务。它一直在进行。只要想到我们令自己何等困惑，我们给自己带来了多少麻烦，就可以推断出，认识他人是很难的事。

这不是要走到无助的不可知论，而是要告诉自己，人很容易犯错。凡事谨慎一点，淡定一点，多观察，多听意见。这或许无法在第一时间表现自己的聪明与正义，可这并不是什么损失。你真是聪明的、正义的，你不急，也不会变得愚笨而非正义。反而是那些急急忙忙的人，聪明与正义很容易流失。

《杀死一只知更鸟》告诉我们，理解一件事很难，理解不同族群很难，理解正义也很难，不是一天的事，不是打一架的事，不是诅咒宣泄情绪的事，它是隐忍，它是等候，它是让更多事实呈现。

虽然很难，也不可能马上得到答案，有些难题，一代人，几代人也无法解答。但是只要守住善良，人就不会放纵自己，不至于因为自己的无知而伤害他人。就像人可以轻易杀死一只知更鸟，知更鸟永远没有反抗的本事。但善良的人绝不会做这种事，一只唱歌的、对你无害的知更鸟，杀了它，你会难受，所以，你会克制。

一个善良的人，又愿意钻进他人的皮肤里，理解他人。这样的人，即使只是一个孩子，只是一个默默无闻的人，也能无障碍地认识自己，认识他人。

下周很重要，订下计划，一点点实现，增加自己的定力。

What Will You Do This Week ?

Mon day.

- [ ]
- [ ]
- [ ]
- [ ]
- [ ]
- [ ]
- [ ]
- [ ]
- [ ]
- [ ]

A.M.

P.M.

Thu day.

A.M.

P.M.

Fri day.

A.M.

P.M.

JAN. ☐ FEB. ☐ MAR. ☐ APR. ☐ MAY. ☐ JUN. ☐

Tue day.

A.M.

P.M.

Wed day.

A.M.

P.M.

Sat day.

A.M.

P.M.

Sun day.

A.M.

P.M.

JUL. ☐ AUG. ☐ SEP. ☐ OCT. ☐ NOV. ☐ DEC. ☐

36 / 52

不可不知的能力圈概念

市场本身能够发现你的逻辑，发现你身上几乎所有的问题，你只要不在能力圈里面，只要你的能力圈是没有边界的能力圈，只要你不知道自己的边界，市场一定在某一个时刻某一种形态下发现你，而且你一定会被它整得很惨。

——李录

能力圈是巴菲特对投资理论的重要贡献，也是他的看家本领。我觉得，没有投资者比巴菲特更聪明，每个人都有必要知道自己的能力圈。

能力圈，分两步走。

一是承认自己无知，世界无限，知识无穷，而人的时间有限，以有限应对无限，注定人对大多数问题是无知的。不知道这点，就以为自己无所不知，无所不能，看了一条新闻，听了一条传言，人家怂恿一下，蛊惑一下，你也以为自己能了。在朋友圈当当这种万能人物，没有金钱上的损失（当然，形象可能受损），但在投资上这么玩，风险就太大了。

二是通过聚焦自己的时间和精力，可以逐渐形成自己的能力圈。你对某一件事、某一个行业的判断力高过其他人，你脱离了恐惧，你才可以在别人恐惧时贪婪。否则，做自己不懂的事，以期获得超额收益，这就是赌博。输是必然的。

能力圈概念，其价值早就超越投资，是对人性的洞悉。有能力圈概念并实践它，一个人就不会跟风、摇摆、当墙头草，可以远离一切浮躁与骗术。我不知道的不碰，你怎么骗我？我知道的，你又怎么骗得了我？这样安全地滚人生雪球，人品、技能与财富，都会有可观的回报。

能力圈的建立与拓展，是长达一生的事业，把自己手头的事做得更好，做到最好，你对这行的理解就高过常人，这既是你的立身之本，又是你的投资指南。有疑惑，不要怕，疑惑是宝藏，用阅读去解疑，寻找新知识，用新知识指引实践，能力圈就慢慢拓展。每过一天，聪明一点，这样的人生，不亦快哉。

下周很重要，制订你下周的计划，每完成一件自己想做的事，自己的能力圈就牢固一些。

What Will You Do This Week ?

Mon day.

- [ ]
- [ ]
- [ ]
- [ ]
- [ ]
- [ ]
- [ ]
- [ ]
- [ ]
- [ ]

A.M.

P.M.

Thu day.

A.M.

P.M.

Fri day.

A.M.

P.M.

JAN. ☐ FEB. ☐ MAR. ☐ APR. ☐ MAY. ☐ JUN. ☐

Tue day.

A.M.

P.M.

Wed day.

A.M.

P.M.

Sat day.

A.M.

P.M.

Sun day.

A.M.

P.M.

JUL. ☐ AUG. ☐ SEP. ☐ OCT. ☐ NOV. ☐ DEC. ☐

人生最好的规划分两步

我知道生命短促而且脆弱，知道它不能留下什么，知道别人的看法完全不同，而且对自己的努力是否符合真理没有多大的把握，我还是努力去做。

——居里夫人

人生最好的规划，我觉得分两步：

一是先照顾好自己爱的人。这基本等同于你的家人。这事当然有难度，做好不容易。不过，这不就是爱吗？有爱的人，生生世世，不从来如此吗？

爱需要及时回应，别拖延，别开空头支票，更不能克扣他们的时间与金钱，去取悦不相关的人，或者进行所谓的投资。你要想到，陌生人的赞扬像风一样易逝，而投资，也极可能失败。如果我爱的人，所得的更多是承担我的失败后果，想起来若不心碎，那怎么是人？

第一步做好了，接下来去实现自己的才华与梦想，这要花很长时间才有结果，甚至花光一生时间，也没有结果。所有的事情，终究为概率所控制，最后可能一无所获，两手空空，但是，努力去做过，也就没有遗憾了，努力本身就是一种美，就像花未必能变成果实，可是我们也喜欢花。

生而为花，努力绽放就是了。其他的，交给蜜蜂，交给蝴蝶。

下周很重要，写下你的绽放计划。

What Will You Do This Week ?

- [ ]
- [ ]
- [ ]
- [ ]
- [ ]
- [ ]
- [ ]
- [ ]
- [ ]
- [ ]

Mon day.

A.M.

P.M.

Thu day.

A.M.

P.M.

Fri day.

A.M.

P.M.

JAN. ☐ FEB. ☐ MAR. ☐ APR. ☐ MAY. ☐ JUN. ☐

Tue day.

A.M.

P.M.

Wed day.

A.M.

P.M.

Sat day.

A.M.

P.M.

Sun day.

A.M.

P.M.

JUL. ☐ AUG. ☐ SEP. ☐ OCT. ☐ NOV. ☐ DEC. ☐

38 / 52 请记住那些对你好的人

请记住那些对你好的人，因为他们本可以不这样。当陪你的人要下车时，即便不舍，也该心存感激。

——宫崎骏

对他人，我们本不应该要求太多。

要求太多，要么就苛刻，要么就谄媚。

谄媚他富他贵，以换取他的恩宠与施舍，他以平常心待你，你都觉得他不够慷慨，由失落而不满，由不满而怨恨。

而真正慷慨的人，则很快习惯他的付出。那些爱我的人。那些照顾我衣食的人。那些在乎我成长的人。他是那个在千万人中，能看出我不同的人。其实我与这千万人并无区别，并没有更富，也没有更贵，不过河滩上一粒鹅卵石，森林里的一棵树，沙海里的一粒沙，狼群里的一只狼。只是他爱我，能够看出我与他者的区别，我自己都不知道的区别。

可一旦习惯，一旦理所当然，被爱的人反而变得苛刻，要得更多，更好。人生的种种没实现，不得意，全转变为对身边人的挑剔与不耐烦，陪我再久，给我再多，最后因为一言不合我意，一餐不对我口味，生出怨恨。在那个时候，就是忘了，这个人，原本可以不对我这么好。

知道他们原来可以不对我这么好，你则可以接受那些冷漠与平淡，他们有自己要爱的人，一个人的能量是有限的。

知道他原本可以不对我这么好，你则一直记得那些温暖与爱意，也会回报温暖与爱意。

下周很重要，写下你将要做的好。

What Will You Do This Week ?

Mon day.

- [ ]
- [ ]
- [ ]
- [ ]
- [ ]
- [ ]
- [ ]
- [ ]
- [ ]
- [ ]

A.M.

P.M.

Thu day.

A.M.

P.M.

Fri day.

A.M.

P.M.

JAN. ☐ FEB. ☐ MAR. ☐ APR. ☐ MAY. ☐ JUN. ☐

Tue day.

A.M.

P.M.

Wed day.

A.M.

P.M.

Sat day.

A.M.

P.M.

Sun day.

A.M.

P.M.

JUL. ☐ AUG. ☐ SEP. ☐ OCT. ☐ NOV. ☐ DEC. ☐

39 / 52 活着

作为一个词语，“活着”在我们中国的语言里充满了力量，它的力量不是来自于喊叫，也不是来自于进攻，而是忍受，去忍受生命赋予我们的责任，去忍受现实给予我们的幸福和苦难、无聊和平庸。

——余华

活着，是乐观主义，是解决问题的根本办法。

心理学家维克多·弗兰克尔发现，在纳粹集中营里，死亡的主要原因是“不想活下去”，这种绝望情绪将导致囚犯在 48 小时内死亡。而他在这种绝望之地为每天活着找到理由，我爱一个人，我必须为她在今天活着，明天来临，就为她在明天活着。

在日常生活中，我们的挑战并不会如此残酷，但也一样天天有，不是大问题，就是小问题，总会碰到，有些马上有解，有些暂时无解。只看到这点，人难免灰心丧气，甚至悲观绝望，以为人生没什么意思。

这时候需要看到另一点，随着你能力的加强，再加上技术的进步，问题都可以解决。你要做的最重要的一件事，就是活着，今天，明天，一万天，三万天，更多天，健康地、热情地、充满求知欲地活着。

物理学家戴维·多伊奇说过一个寓言：

有个哲学家被暴躁的国王判处死刑。他请求缓刑两年，理由是，在这段时间里，他可以教会国王的爱驹说话。国王很好奇，答应了他的请求。

哲学家的朋友们完全不信他能完成奇迹。

哲学家说，重要的不是这点，而是时间可能解决问题。这两年里，我可能死了，而不用忍受刑罚的痛苦；国王可能死了；国王可能改变主意了；我可能逃脱了；我可能真找到办法让马说话；当然，马也可能神话一般自己说话了。

只要你相信问题能够解决，活着就是大乐趣，大资源，大方法。

下周很重要，制订下周计划，解决你现在面临的一个问题。问题让我们寻找方法，它不是烦恼之源，而是能力之源。

What Will You Do This Week ?

Mon day.

- [ ]
- [ ]
- [ ]
- [ ]
- [ ]
- [ ]
- [ ]
- [ ]
- [ ]
- [ ]

A.M.

P.M.

Thu day.

A.M.

P.M.

Fri day.

A.M.

P.M.

JAN. ☐ FEB. ☐ MAR. ☐ APR. ☐ MAY. ☐ JUN. ☐

Tue day.

A.M.

P.M.

Wed day.

A.M.

P.M.

Sat day.

A.M.

P.M.

Sun day.

A.M.

P.M.

JUL. ☐ AUG. ☐ SEP. ☐ OCT. ☐ NOV. ☐ DEC. ☐

40 / 52

黄道、白道与黑道道道相通

衰老和死亡是自然的规律。其实真正让人感到悲哀的是人生有许多遗憾无法弥补，真正让人感到恐惧的是不知心归何处。

——樊锦诗

敦煌是很好的旅游地，但在大漠里长住，没多少人能够做到。沙漠能把人的孤独放大，无边无际的空寂凝成巨掌，好像武林高手向你出招，你没有内力抵抗，心里就会受伤。

其实人都是孤独的，只不过，繁华与人群能够掩饰孤独，麻醉一个人，骗他可以逃避孤独。在做自己应该做的事情之时，你听到的只有自我对话，仿佛身处大漠，只是这孤独你不觉得苦，因为你知道自己心归何处，有强大的内力。

樊锦诗曾坦言数次想离开敦煌，最后明白敦煌就是自己的“命”，心有归处。

这个心路历程，每个人都会经历，从犹豫，怀疑，摇摆，再到坚定，知天命，也知自己的“命”——我必须挑起身上的责任。正如樊锦诗喜欢对刚到敦煌的年轻人说的：年轻人有三条道路可走，黄道、白道和黑道。黄道是做官，白道是发财，黑道就是做学问，在黑暗中摸索前进。到了敦煌你就只能走黑道了，没有那两条道路可走。

做官与发财，这两条路，如果心不定，也做不好。走仕途的，觉得自己做了不少事，却得不到提升重用，心生抱怨，或者总想着搞点贪污贿赂，觉得自己钱不能少，那官也做不舒服。搞商业的，不是花心思打磨产品与服务，而总是想着歪门邪道来快钱，骗人都没有心理压力，就是暂时能来钱，最后也得破产。

无论选择什么人生道路，内心没有创造价值的定力，那就是沙漠中的流沙，随风飘移，一生惶恐，不知所终。**我们不为他人创造价值，不为社会创造价值，我们就不会有价值。**

下周很重要，你下周份的计划就是你下周份的定力。无数定力汇集，就是你心归处。

What Will You Do This Week ?

- [ ]
- [ ]
- [ ]
- [ ]
- [ ]
- [ ]
- [ ]
- [ ]
- [ ]
- [ ]

Mon day.

A.M.

P.M.

Thu day.

A.M.

P.M.

Fri day.

A.M.

P.M.

JAN. ☐ FEB. ☐ MAR. ☐ APR. ☐ MAY. ☐ JUN. ☐

Tue day.

A.M.

P.M.

Wed day.

A.M.

P.M.

Sat day.

A.M.

P.M.

Sun day.

A.M.

P.M.

JUL. ☐ AUG. ☐ SEP. ☐ OCT. ☐ NOV. ☐ DEC. ☐

活着多好呀

活着多好呀，我写文章的目的也就是使人觉得，活着多好呀！

——汪曾祺

你可能觉得，这么简单的一句话，好在哪里?

好在你活得越久，越觉得它好。好在它是对生活的一种正确信仰。你有这种信仰，你就能活着，你就能活好。你的观念引领你的生活。

汪曾祺先生的散文与小说，笔下的人与事，原型都来自他记忆中真实的人物，只不过小说中的人物，可能把多个真人的特征糅合到一个人身上。写些虚幻的东西，写得美好是容易的，但要真实，难度就大很多，又要像，又要美好，你的心眼不好，你看不到这美好，你的文字不好，你写不出这美好。

汪曾祺先生两者都好。

你看他的《大淖记事》，故事背景在 20 世纪上半叶，里面多少苦人，被欺负，被侮辱，被打被杀，但看完，你看这些苦人多坚忍，春风吹又生，生了就开花结果，用生命力战胜一切苦厄。看完你的生命力也会被点燃。这是多好的文字。

这种风格贯穿他所有文字，包括写实的散文。汪曾祺先生一生吃过不少苦头，文字要变得愁眉苦脸，深仇大恨，也没人怪得了他。他就是一个美好而快乐的人，自然而然就发现一切美好而快乐的品质，在自己身上，在他人身上。活着多好呀，世上有好吃的，好玩的，还有好人。

一个人未必有汪曾祺先生的文字能力，但对美好生活的信仰，可以像他一样强大。我们必须记住，自己有责任让身边的人，尤其是自己的孩子，当他们接触过我们之后，觉得，活着多好呀。

下周很重要，请制订你下周的美好计划吧。

What Will You Do This Week ?

- [ ]
- [ ]
- [ ]
- [ ]
- [ ]
- [ ]
- [ ]
- [ ]
- [ ]
- [ ]

Mon day.

A.M.

P.M.

Thu day.

A.M.

P.M.

Fri day.

A.M.

P.M.

JAN. ☐ FEB. ☐ MAR. ☐ APR. ☐ MAY. ☐ JUN. ☐

Tue day.

A.M.

P.M.

Wed day.

A.M.

P.M.

Sat day.

A.M.

P.M.

Sun day.

A.M.

P.M.

JUL. ☐ AUG. ☐ SEP. ☐ OCT. ☐ NOV. ☐ DEC. ☐

42 / 52 不停即可

时间在某种程度上是主观的，正如珍妮特·温特森所说：“没有什么会被忘掉，也没有什么会失去。宇宙自身是一个广大无边的记忆系统。如果你回头看，就会发现这世界在不断地开始。”

人总在惋惜失去的岁月，以为人生的时间越来越少，再也没有机会。最后彻底进入老年心态，自我放弃。这种老年心态，有人在二三十岁就出现。有人一生没有。它是心理状态。

正如我们不会认为昨天挣的钱不属于我们，我们昨天的一切经历也属于我们。钱还会消耗，我们的经历却永存，而且随着新事实、新观点与新方法的出现，过去与现在又再次组合，产生更多的可能。所以，我们的时间不只是“逝者如斯夫”的片断，它是一条河流，过去不断涌现为现在，不尽长江滚滚来。只要你不熄灭现在，过去就没有失去。

戴维·多伊奇曾在《真实世界的脉络：平行宇宙及其寓意》中描述人类在宇宙最后一秒时的状态。按现在的时间观，那当然是什么也不做，什么也做不了，连悲伤的时间都不够。可那时的人类（当然形态完全不同）却在做智慧的登顶工作，他们掌握了宇宙的所有信息，将计算速度无限加快，时间也就无限延长，意味着最后一秒永远用不完。壮观吧？物理学家谈学术，科幻作家的想象力赶不上。

时间还有的是（当然，也不知道自己现在是否生存在被超级智能调慢的最后一秒中），每一个今天都有整合过去的机会。人生难免有悲伤、失意、痛苦，甚至绝望，就像我们有影子，只要不停止在这些情绪，它们就是你的资源，在今天，或在将来的某一天，它们将转变成快乐、得意、幸福与希望，就像影子的实体。

不停即可，是人生最好的方法论。

下周很重要，不停地制订你不停的计划吧。

What Will You Do This Week ?

☐
☐
☐
☐
☐
☐
☐
☐
☐
☐

Mon day.

A.M.

P.M.

Thu day.

A.M.

P.M.

Fri day.

A.M.

P.M.

JAN. ☐ FEB. ☐ MAR. ☐ APR. ☐ MAY. ☐ JUN. ☐

Tue day.

A.M.

P.M.

Wed day.

A.M.

P.M.

Sat day.

A.M.

P.M.

Sun day.

A.M.

P.M.

JUL. ☐ AUG. ☐ SEP. ☐ OCT. ☐ NOV. ☐ DEC. ☐

43 / 52 尽

孔夫子说，好的艺术（可能也比喻好的人生），其内容，尽善，其形式，尽美。

尽善尽美，只是理想状态，再善再美，未来也有更善更美。“尽”是追求，不停逼近，永不厌倦。

所以，推荐吕坤这句话：

“大凡做一件事，就要当一件事；若还苟且粗疏，定不成一件事。”

手中的任何一件事，把它当成一件事，尊重它，想办法做得更好，就是“尽”的追求。这是责任，是创新，也是进化。每次多做一点，做好一点，早准备几分钟，再检查一次，并不难，但善与美必在生长。

我尤其尊重与佩服那些能把“所有人都会做的事”做得更好一些的人，那是真功夫。总想着大计划，一举成名，经手之事却苟且粗疏，那只有花架子，不知美，也远离善。

只要更努力一点，寻常的事情，突然变得非凡。事情往往就是这样。看的人觉得轻松，做起来才知道“尽”的追求并不容易。

所以，什么事都要做，做时想着再进步一点。这就是尽善尽美之路。下周很重要，以“尽”的心态拟定并完成自己的计划吧，美在其中，善在其中。

What Will You Do This Week ?

- [ ]
- [ ]
- [ ]
- [ ]
- [ ]
- [ ]
- [ ]
- [ ]
- [ ]
- [ ]

Mon day.

A.M.

P.M.

Thu day.

A.M.

P.M.

Fri day.

A.M.

P.M.

JAN. ☐ FEB. ☐ MAR. ☐ APR. ☐ MAY. ☐ JUN. ☐

Tue day.

A.M.

P.M.

Wed day.

A.M.

P.M.

Sat day.

A.M.

P.M.

Sun day.

A.M.

P.M.

JUL. □ AUG. □ SEP. □ OCT. □ NOV. □ DEC. □

44 / 52 从想到响

愿望的力量，愿力。念念不忘，必有回响。听起来很玄，玄得如同彼岸世界。

玄而又玄，众妙之门。

这就是卡尔·波普尔所说的猜想。人类之所以厉害，在于他有大脑，可产生无穷尽的猜想。无中生有，一生二，二生三，三生万物。猜想是零本万利的生意。

愿力，是你最想去验证的猜想。用观察，用逻辑，用实验，看看猜想对不对：我爱的姑娘到底爱不爱我？我的解题方法酷不酷？我的产品有没有用？我的思想能否更好地解释世界？

答案为否，一念即可忘。

答案为是，一浪变成一巨浪，一念生出一叠念，念念不忘，必有回响。你和世界，今天和明天，此世和后世，都发生了变化，你想要的变化。

去想，去发愿，将力量从脑袋传递到手脚，让世界感受到，它将回应你。

下周很重要，写下你的愿望，聆听那一小声回响。你不知道自己将来声音有多大，回响有多亮，但这一小声，已经很美。每一天，都从想到响，此岸已经足够好。

What Will You Do This Week ?

- [ ]
- [ ]
- [ ]
- [ ]
- [ ]
- [ ]
- [ ]
- [ ]
- [ ]
- [ ]

Mon day.

A.M.

P.M.

Thu day.

A.M.

P.M.

Fri day.

A.M.

P.M.

JAN. ☐ FEB. ☐ MAR. ☐ APR. ☐ MAY. ☐ JUN. ☐

Tue day.

A.M.

P.M.

Wed day.

A.M.

P.M.

Sat day.

A.M.

P.M.

Sun day.

A.M.

P.M.

JUL. ☐ AUG. ☐ SEP. ☐ OCT. ☐ NOV. ☐ DEC. ☐

45 / 52

活得简单一点 那种 沉思后的简单

步步前进，日日不止，自有到期，不必计算远近而徒长吁短叹也。

——曾国藩

活得简单一点，每天那些固定的事情做完，一天就结束了。不觉得太累，只是今天计划完成，有一丝丝快乐。

生活不宜起伏太大，太随兴。今天太勤奋，明天又太偷懒，把自己的生存系统搞得太复杂。这也是人才有的毛病。植物没有，低等动物也没有，它们的简单写在基因里，机器一般地运行任务。它们没有所谓的计划，它们的未来与现在是一体的，永远在完成现在，就是它们的未来。人也有这技能，只不过，人特有的长处，扰乱自己，容易失去简单的能力。人老在想未来，所有美妙的事情都发生在未来，现实被对比得难以忍受。一天做不成多少事，勤奋没有马上的利益，于是不必勤奋。放弃一天似乎不影响未来，没有马上的危害，于是享受懒惰。

人的简单，是沉思后的结果，复杂演算得到的答案。步步前进，日日不止，可做的事小而明确，却是宏大理想的一部分，它避免了空想，增加了耐心，世上无难事，一天天捉住时光就是了，像植物一样。

下周很重要，制订你下周的时光捕捉计划。

What Will You Do This Week ?

□
□
□
□
□
□
□
□
□
□

Mon day.

A.M.

P.M.

Thu day.

A.M.

P.M.

Fri day.

A.M.

P.M.

JAN. □ FEB. □ MAR. □ APR. □ MAY. □ JUN. □

Tue day.

A.M.

P.M.

Wed day.

A.M.

P.M.

Sat day.

A.M.

P.M.

Sun day.

A.M.

P.M.

JUL. ☐ AUG. ☐ SEP. ☐ OCT. ☐ NOV. ☐ DEC. ☐

46 / 52 子绝四，大人生

每个人都有抓不到的云，都有做不到的梦。抓不到的云让它飘走吧，做不到的梦，有机会再做也好。找到真正的问题所在，才能往里走，安顿自己。

——许倬云

云和梦，都美。美在变幻无穷。当然可以欣赏，但不能安顿。只是看云做梦，人生就是一场虚无。

在思维方式与行事方法上，人也容易陷入虚无缥缈的误区，以为只要想得像云一样美，人生就美。想得美，只是计划，还要做得美才行。

子绝四：毋意，毋必，毋固，毋我。

什么意思呢？

毋就是无。孔夫子没有四种心态：

一是不会老是预想某事发生，即想得美。

二是不会期待某事必然实现，这样自然没有失望与抱怨。

前两点做得到，就能产生第三种不固执的心态。人生很多事不能固执，不能固执于错误，不能固执于索取，不能固执于一定有回报，不能固执于一点亏不能吃。

第四的无我，当然不是没有一点我，言语观念行动互动，都由我出发，没有我就没有后续的一切。无我是不要只关注自己，把自己看得很大。大千世界，我是小我。心心念念只有我，就活得小，什么毛病都容易产生，妄想，贪婪，固执。

人要活得大一点，读读历史，看看云彩，仰观宇宙之大，俯察品类之盛。时空观大了，人才会大。

人大了，失望，失意，失利，都会变得小且无害，甚至像云彩一样为你助兴，你知道它们终究只是大人生、大格局的过程与组成部分。**失望，失意，失利，不过是提出问题的方式，毋意，毋必，毋固，毋我，一步步解决问题就是了。**

下周很重要，以“绝四”心态制订并完成计划吧。

What Will You Do This Week ?

- [ ]
- [ ]
- [ ]
- [ ]
- [ ]
- [ ]
- [ ]
- [ ]
- [ ]
- [ ]

Mon day.

A.M.

P.M.

Thu day.

A.M.

P.M.

Fri day.

A.M.

P.M.

JAN. ☐ FEB. ☐ MAR. ☐ APR. ☐ MAY. ☐ JUN. ☐

Tue day.

A.M.

P.M.

Wed day.

A.M.

P.M.

Sat day.

A.M.

P.M.

Sun day.

A.M.

P.M.

JUL. ☐ AUG. ☐ SEP. ☐ OCT. ☐ NOV. ☐ DEC. ☐

47 / 52

坏的一定会慢慢过去

我是一个乐观主义者，遇到什么困难都要想它好的一面，坏的一定会慢慢过去。

——周有光

人天生的气质，有的乐观，有的悲观。

但我们最终都要成为一个乐观主义者。乐观是一种思维方式，可以后天习得。

恐惧、焦虑、急功近利，甚至不负责任，都与悲观联系紧密。反正明天必然洪水滔天，今天就由着性子乱来吧。今天乱，明天多半更糟，就这么自我验证了。

人生不止今天明天两天。你我有三万多天。

重要一点的事情，都是长期的，不花几百几千天，做不成。在这么长的时间里，会有困难，很多困难，想得到与想不到的。一遇到困难，就悲观绝望，走不完这条长路。

这不是说天生悲观的人一定输。悲观者一眼可以看到不利，只是他无限放大这不利。保留看到不利的天赋，克制放大的冲动，可以规避许多风险，把事情做得更好。做成的事累积起来，你自然就乐观了。

而天生乐观的人，不要浪费这个天赋。如果以为做做白日梦即可，没有任何风险评估，甚至故意无视风险。狠狠地输几次，人生再无机会，悲惨的结局只会给你悲观。

天生不同，却殊途同归，我们都得成为一个乐观主义者，坏的都会过去。天天有坏，但天天的好都多一点，就行了。

下周很重要，制订计划，某种程度上，就是坚信能战胜阻拦自己的困难，无论是自己心性带来的困难，还是环境产生的困难。

What Will You Do This Week ?

- [ ]
- [ ]
- [ ]
- [ ]
- [ ]
- [ ]
- [ ]
- [ ]
- [ ]
- [ ]

Mon day.

A.M.

P.M.

Thu day.

A.M.

P.M.

Fri day.

A.M.

P.M.

JAN. ☐ FEB. ☐ MAR. ☐ APR. ☐ MAY. ☐ JUN. ☐

Tue day.

A.M.

P.M.

Wed day.

A.M.

P.M.

Sat day.

A.M.

P.M.

Sun day.

A.M.

P.M.

JUL. ☐ AUG. ☐ SEP. ☐ OCT. ☐ NOV. ☐ DEC. ☐

48 / 52 保持专注的真正含义与方法

人不需要活太多样子。你认真做一件事，会解释所有的事。

——巩俐

有人看到巩俐这句话，不禁微笑：我也有过类似的想法。

确实，有些话之所以好，那是因为说出了我们心中之想。有些人之所以我们喜欢，那是因为他活出了我们想要的样子。

在资质上，绝大多数人具有成功的一切条件。体现为成功者的好想法，你也想过。成功者的做法，你也做过。只是不如他们专注，不如他们持久。想想而已，浅尝辄止。

大家都是水，我们滴了几滴，又去当风。他们却下成一阵又一阵大雨，汇成巨流，奔流到海。当风也不是不行，大风可以吹动大海，只是我们吹了几缕，又想当土。每一次选择，似乎都是对的，但是小对一下，又被另一个对所吸引。人生由一连串的小对所构成，局部看，都充满希望，最后的大局却错了。耐心一点，专注一点，把小对养成大对，一天天，初看索然无味，过后，则趣味无穷。

下周很重要，写下你想要专注的小事，它将变成你的大事。

做计划，既是对自己的行动说 Yes，也是对分心说 No，正如史蒂夫·乔布斯所描述的：

“人们认为保持专注，意味着要对那些必须专注去做的事情说 Yes，其实并非如此，保持专注的真正含义是对其他一百个好主意说 No。”

What Will You Do This Week ?

- [ ]
- [ ]
- [ ]
- [ ]
- [ ]
- [ ]
- [ ]
- [ ]
- [ ]
- [ ]

Mon day.

A.M.

P.M.

Thu day.

A.M.

P.M.

Fri day.

A.M.

P.M.

JAN. ☐ FEB. ☐ MAR. ☐ APR. ☐ MAY. ☐ JUN. ☐

Tue day.

A.M.

P.M.

Wed day.

A.M.

P.M.

Sat day.

A.M.

P.M.

Sun day.

A.M.

P.M.

JUL. ☐ AUG. ☐ SEP. ☐ OCT. ☐ NOV. ☐ DEC. ☐

49 / 52 程，王，我，你

很多人憎恨背诵，这可以理解，从小背诵和考试紧密相连。一旦不要考试，我们就再也不背诵，如释重负，没有再挑起来的理由。

我在学校也不喜欢背诵。但奇怪的是，离开了学校，不再需要考试，我却不排斥背诵，近些年甚至很喜欢。每天早上，我或背一首古诗词，或背一段古文，或背一段英文，耗时并不多，稍稍掌握记忆术，很快就能背下来。在当天的空闲时间里，喝茶时，散步时，就可以像一只无聊的牛一样，把记住的内容反刍一下。

一段话当然没什么难理解的，但是背下来，理解肯定更深，有时也像一根火柴，点燃当天所有不相关的资讯，将它们转化成统一的、单纯的、热烈的火焰。

当然了，烈火熄灭后，过几天，过几周，这些背诵的内容退化成草蛇灰线。有时候，我会再背一遍（如果需要的话），多数是随它们离去。你可能觉得这是无用功，既然会忘，何必要背？其实，耗散是事物的必然，往大里说，足够久之后，太阳燃尽，宇宙死亡，一切存在都清零。往小里说，人向死而生，瞬间百年，在时空留下的印记，无法赢过春天的一朵花。梦幻泡影。存在的意义，就在于它存在过。

大儒程颢，曾说过一句话：写某字时甚敬，非是要字好，只此是学。

写一个字前，先在脑子里过一遍笔画笔顺，但写出来的字可能还是不漂亮，为什么多此一举？这是学习精神。看到这句话时，我应该背了一下，不然今天怎么找得出来？心里暗喜，我诚心背诵，无惧遗忘，与先贤的精神是相通的，背诵主要不是为了不忘，而是为了致敬一段文字，赞叹创造精神。

王阳明对程颢这句话，有他的解释：夫既不要字好，所学何事？只“不要字好”一念，亦是不敬。

无论怎么学，多数人的字都不会太好，那不学了白学？为何要恭敬？因为，“学了白学，学了没用”，有这种自暴自弃的想法，就是违背学习精神，向好的可能性就死了。

我们人生停止的点，不是死亡，而是产生“学了白学”的那个时刻。你从时代的高铁下车，三分钟之后，就看不见时代的车灯。你不下车，年纪再大，一百多岁，也在高铁里坐着。人活着的车票，不是时间，是你一直在学，永远要“字好”，永远“甚敬”。

有人说，随着年龄的增长，记忆力下降，学习能力衰退。我可以负责任地告诉你，这些都是不负责任的说法，都是偷懒的借口，都是“不敬”。随着年龄的增长，脑子里既有知识积累更多，它与新知识的连接方式更多，干柴更多，火焰更大。

只要一个人不停止学习，不停用新知识刺激自己，年纪越大，乐趣越大。

下周很重要，计划学某件事，“敬”一下。

What Will You Do This Week ?

- [ ]
- [ ]
- [ ]
- [ ]
- [ ]
- [ ]
- [ ]
- [ ]
- [ ]
- [ ]

Mon day.

A.M.

P.M.

Thu day.

A.M.

P.M.

Fri day.

A.M.

P.M.

JAN. ☐ FEB. ☐ MAR. ☐ APR. ☐ MAY. ☐ JUN. ☐

Tue day.

A.M.

P.M.

Wed day.

A.M.

P.M.

Sat day.

A.M.

P.M.

Sun day.

A.M.

P.M.

JUL. ☐ AUG. ☐ SEP. ☐ OCT. ☐ NOV. ☐ DEC. ☐

50 / 52 责任感是成功核心 如何量化责任感？

人要有责任感。这是人类文明演化至今得出的公理。因为人类是通过分工合作胜过所有动物的。没有责任感，无人愿意与你合作，孤家寡人，人很难过。

责任感，简单点说，就是让信任自己的人活得更好一些。他们活得更好，自己就活得更好。通过这种间接手段获得自己的利益，就是人特有的智慧，其他动物做不到。

中华文明早熟，体现在 2 500 年前左右，孔子就知道这点，所谓的“己所不欲，勿施于人”，自己都讨厌的事，你给别人，就是让他活得更差。再进一步，就是“己欲立而立人，己欲达而达人”，成就他人就是成就自己。

但这些原则，泛泛而谈，很多人不知如何落实，导致背诵的是一套圣人之言，行事却是一塌糊涂，既浪费了先贤的积累，又导致自己人格分裂，很可惜。

把原则落实，就是量化的过程。

这点，其实我们的祖先也在尝试，一个有抱负、有能力的人，要以天下苍生为己任，要先从小目标开始：照顾好自己的家庭。

你的孩子是生而爱你的人，你的配偶是知而爱你的人，他们是天下最信任你的人。如果你不爱他们，损害他们的利益，你怎么可能惠及众生？

借助现代科学标准，量化可以做得更好。

先把事情简单化，这是牛顿与爱因斯坦的方法论。爱因斯坦说过：尽量把事情简单化，但不要过于简单。比如圆周率简化成3.14，有利于我们运算，误差在可接受范围内；但简化成3，就变质了，胡来。

把家庭责任感简化，是以下两要素：

一是健康。身体质量指数，BMI，现在可以精确测算，你随时可知道身体是否健康。一个人明知自己不健康，比如太胖，太依赖酒精，却仍然不克制，听之任之，无视家人日夜担心，那么，他表现得再忧国忧民，真诚度也存疑。

二是陪伴。你知道配偶今天的忧乐，你知道孩子功课今天的难易。

现在的父母，不缺知识，很多缺的就是自律，总喜欢一劳永逸，不爱每天必然出现的压力。其实，每天都需要的自律，才是王道，自律是责任感的养料。在一个知识型的社会，在百岁人生，我们退休后都可以再活祖先们的一辈子，每天学习，应该是终身习惯。

下周很重要，制订完成责任感的计划。

What Will You Do This Week ?

- [ ]
- [ ]
- [ ]
- [ ]
- [ ]
- [ ]
- [ ]
- [ ]
- [ ]
- [ ]

Mon day.

A.M.

P.M.

Thu day.

A.M.

P.M.

Fri day.

A.M.

P.M.

JAN. ☐ FEB. ☐ MAR. ☐ APR. ☐ MAY. ☐ JUN. ☐

Tue day.

A.M.

P.M.

Wed day.

A.M.

P.M.

Sat day.

A.M.

P.M.

Sun day.

A.M.

P.M.

JUL. □ AUG. □ SEP. □ OCT. □ NOV. □ DEC. □

一生全是珍宝
无弃人无弃物

我在人生很早的时候，不到二十岁，对佛道很感兴趣，可以通宵读老庄和佛经。有次去偏远的乡村找好朋友玩，他家边上有座寺庙，我冒失地找方丈谈经，大和尚挺客气，陪我这个愣头青闲扯半天，还一度以为我要出家。

我哪里会出家？我天天忙着给连太写情书呢。

我的意思是，我的人生有点倒回来，青少年时，人生看得很淡，并不是悲观绝望的淡，而是人仰望星空的那种淡，是冬天在海边散步的那种淡，到了三十来岁，人生态度才浓烈起来，但这种浓，又没有非得到什么的浓，就是一种尽力的浓，结果如何，看天意——这又回归到了淡。我得感谢青少年时淡的底色，所以不会浓得那么辛苦，可有可无，可行可止。

去年仔细重读老子，一页页背诵。背到第二十七章时，那熟悉的文字，背了忘，忘了背，这次突然有了全新的意思，感觉它将半生的许多经历串起来了，我抄了几句，放在书桌上，每天早上默诵一遍：

“是以圣人常善救人，故无弃人；常善救物，故无弃物，是谓袭明。故善人者，善人之师；不善人者，善人之资。不贵其师，不爱其资，虽智大迷。”

大意是这样的：一个知道世界本质的人善于挽救人，不会遗弃任何人；善于救物，他眼里没有废物，这就是内在的大智慧。如果你是一个善人，那么其他善人就是你的老师，那些不善之人，是供你领悟的资源，不尊重老师，不爱护资源，再聪明都会迷失。

这化解了一切冲突。仇恨、对立、厌烦似乎失去了力量。它们照样会产生，但你意识到它们是“善人之资”，你就不会害怕与恐惧，反而会细细体察它们想要传递的信息。

在老子的哲学里，善与不善，不仅存在于我与他之间，更存在于我自身之内，内在的冲突化解了，就能体验到放松、成长与快乐。用现代心理学的术语来说，你接纳了世界与自我，这种接纳不是强忍硬扛，而是发现种种“不善”的价值，“不善”转化成了“善”。你经受的创伤，你遇到的阻碍，你学习时的遗忘，你努力时的挣扎，甚至人生最终点的死亡，都能给你力量。

这让我想到铃木俊隆论述学习时的一个说法，一个人想成为佛陀一样伟大的人，他可能以为最聪明的人学得最快，轻轻松松就能坐禅。其实并不是，那些觉得比较困难的人，各种动心杂念，反而让他们不停地探究禅的深意。资质好，可能是陷阱，资质不好，也能成为资源。这想法与老子殊途同归。

我们努力生活，认真学习，得出的结论也与他们相同，我们的力量往往产生于阻力最大时，在我们不那么聪明时，只要苦苦坚持，突然那么一刻，心窍全开，玲珑剔透，美妙极了。只要经历过这么一次，那么，工作时的累，读书时的倦，思考时的苦，这些“不善”，都会得到我们的善待，因为它们将带来真正的成长。

这种从被动到主动的转折点，可以说是学习与成长的关键，像是从乘客变成了司机，车与旅途，都由自己开展了。人与人的区别，或许就由这个点，开始出现，并且迅速拉开距离，站在原地的人，很快见不到开足马力的远行者了。

所以，**人要主动追求那些能给自己带来一点难度与阻力的学习，保持“不聪明”的新鲜体验，会遗忘，会出错，会退步，甚至会生气，这些都是你的资源。**下周很重要，做点这些事，增长资源。

What Will You Do This Week ?

- [ ]
- [ ]
- [ ]
- [ ]
- [ ]
- [ ]
- [ ]
- [ ]
- [ ]
- [ ]

Mon day.

A.M.

P.M.

Thu day.

A.M.

P.M.

Fri day.

A.M.

P.M.

JAN. ☐ FEB. ☐ MAR. ☐ APR. ☐ MAY. ☐ JUN. ☐

Tue day.

A.M.

P.M.

Wed day.

A.M.

P.M.

Sat day.

A.M.

P.M.

Sun day.

A.M.

P.M.

JUL. ☐ AUG. ☐ SEP. ☐ OCT. ☐ NOV. ☐ DEC. ☐

52 / 52

人生必须建立无限游戏精神

人是很有限的动物，但总在追求无限。

甚至可以说，一个人没有无限思维，他的有限性将迅速把他锁死，同样是 60 岁的人，有人认定自己老了，他就显老，有人认为自己人生才开始下半场，他就显年轻。

有限令人悲观，体力衰减，年龄增长，朋友凋零，都一再提醒你是一个有限的人，你可用的资源越来越少。一个人能不能从这种“必然”的有限悲观中走出来，我觉得是成长中重要的一步。

其实人这个物种本身是无限的，DNA 通过繁殖延续下去，在时间上战胜了人一生的限制；在空间上，我毫不怀疑将来的人类将殖民火星，一步步走向更宽广的宇宙，只要物理规律允许，人迟早做得到。

纽约大学宗教历史系教授詹姆斯·卡斯的一句话，经由王兴推荐，变得很有名：“世上至少有两种游戏。一种可称为有限游戏，另一种为无限游戏。有限游戏以取胜为目的，而无限游戏以延续游戏为目的。”

同样的事情，以有限游戏和无限游戏的不同角度来看，将呈现出不同的情感反应。

阅读，有限游戏将把它与某种分数与考核挂钩，有失败的阴影；无限游戏更在乎它对大脑旧有信息的刺激与重组，以获得创造的乐趣。

人生，若以取胜为目标，那几乎每个领域都有比我们更强的人，沮丧是难免的；但无限游戏将之视为一场体验与领悟，好好爱人，拓展可能，世界每天都给你带来新的乐趣。

孩子，老盯着他学校名次的有限游戏，自然演化成互相折磨，焦虑失控；但无限游戏认为大家聚在一家不容易，陪伴他慢慢认识这个世界，一点点品尝人生的滋味，才是正经事，这样有什么可急的？

无限游戏，就是理性乐观派，相信人类的未来无限美好，知识产生更多知识，财富长出更多财富，发现引发更大发现。我们不会错过机会，因为未来有更多更好机会。只要我们有这个观念，并保持大脑的健康与知识输入，你的一生，没有所谓的衰老，一些短暂的不利与低潮，不会让你悲观与自毁。

同样推崇无限思维的牛津大学教授戴维·多伊奇说得好："在整个宇宙，知识友好是一条原则，没有例外。这是说，对拥有知识的人友好，不拥有相关知识的人只有死路一条。"

我们学习能力越强，拥有知识越多，世界就对我们越友好。人类的知识，一是储存在 DNA 里，这个我们无法更改，能改的是大脑里的知识，这就是终身学习的意义所在。在知识友好的宇宙里，学习就是与宇宙同频，多么宏大的主题。用各种学习训练自己的大脑，它不能停留在你高中毕业、大学毕业，或者退休，它像呼吸一样，像营养摄入一样，应该是人一生的本能。

下周很重要，用计划探索自己的无限性。

What Will You Do This Week ?

Mon day.

☐
☐
☐
☐
☐
☐
☐
☐
☐
☐

A.M.

P.M.

Thu day.

A.M.

P.M.

Fri day.

A.M.

P.M.

JAN. ☐ FEB. ☐ MAR. ☐ APR. ☐ MAY. ☐ JUN. ☐

Tue day.

A.M.

P.M.

Wed day.

A.M.

P.M.

Sat day.

A.M.

P.M.

Sun day.

A.M.

P.M.

JUL. ☐ AUG. ☐ SEP. ☐ OCT. ☐ NOV. ☐ DEC. ☐